After Effects
2023 实训教程

洪兴隆 周勉 阎庚耀

——编著

U0280254

人民邮电出版社

北京

图书在版编目（CIP）数据

After Effects 2023实训教程 / 洪兴隆，周勉，阎庚耀编著. -- 北京：人民邮电出版社，2024.9
ISBN 978-7-115-64391-9

Ⅰ. ①A… Ⅱ. ①洪… ②周… ③阎… Ⅲ. ①图像处理软件－教材 Ⅳ. ①TP391.413

中国国家版本馆CIP数据核字(2024)第094395号

内 容 提 要

这是一本实训教程，旨在介绍如何运用 After Effects 进行视频后期效果的制作。本书深入剖析 After Effects 的各个功能模块，并详细介绍使用相关工具制作视频后期效果的方法，以帮助读者了解和掌握不同视频后期效果的制作方法。

本书基于"根据需要选择工具"的原则，摒弃 After Effects 中不常用的工具和烦琐的参数介绍，重点讲解工具的应用和效果的制作方法。全书内容包括 After Effects 基础操作、使用图层制作效果、使用文字制作动画效果、使用效果和预设制作动画效果、使用蒙版制作蒙版动画、制作 3D 与跟踪动画、调色技术应用，以及商业综合实训。此外，本书还介绍了各类常用插件的使用方法。

为了帮助读者更好地掌握使用 After Effects 制作视频后期效果的技术，本书设置了"案例训练"和"拓展实训"两个模块，以帮助读者在学习过程中实践和拓展练习。由于篇幅限制，本书的部分案例没有提供详细步骤，但均配备教学视频，读者可以通过在线观看的方式进行学习。

本书非常适合作为相关院校和培训机构艺术专业的教材，也可作为 After Effects 自学人员的参考书。此外，本书的所有内容均基于 After Effects 2023 进行编写。

- ◆ 编　著　洪兴隆　周　勉　阎庚耀
  责任编辑　张丹丹
  责任印制　陈　犇
- ◆ 人民邮电出版社出版发行　　北京市丰台区成寿寺路 11 号
  邮编　100164　电子邮件　315@ptpress.com.cn
  网址　https://www.ptpress.com.cn
  北京瑞禾彩色印刷有限公司印刷
- ◆ 开本：787×1092　1/16
  印张：12.75　　　　　　　　2024 年 9 月第 1 版
  字数：342 千字　　　　　　2024 年 9 月北京第 1 次印刷

定价：89.80 元

读者服务热线：(010)81055410　印装质量热线：(010)81055316
反盗版热线：(010)81055315
广告经营许可证：京东市监广登字 20170147 号

前言

After Effects是一款专注于视频后期处理的软件。对一些读者来说，如何入门和学习这样一款功能强大的软件是一个令人头疼的问题。虽然市面上有许多自学类教程，内容详尽且丰富，但对时间有限的读者来说，学习成本和时间成本很难让他们接受。那么有没有其他解决办法呢？

当然有。如果读者只是想在短时间内掌握After Effects的使用，并将其应用于自己从事的工作领域，那么本书无疑是一个很好的选择。

首先，本书摒弃对After Effects中的参数和工具进行详细讲解的模式，删除了不常用和不实用的工具和参数，重点介绍常见效果的制作工具和参数，以节约学习成本。

其次，本书按效果类别进行知识讲解，而非传统的按软件功能布局进行内容结构的编排，包含图层效果的制作、蒙版动画的制作、文字动画的制作、3D动画的制作、跟踪动画的制作、效果和预设的使用等，便于读者自由选择自己需要学习的内容。

最后，本书强调实例练习在软件学习中的重要性，设置了"案例训练"和"拓展实训"两个模块供读者进行实例练习。前者分布在各个重要的工具类别之后，帮助读者即时练习相应工具的用法和效果的制作方法。后者分布在部分章的末尾，帮助读者将所学知识应用于实际场景。此外，本书所有案例的制作都紧密结合各行业的商业需求，让读者在练习的同时紧跟行业发展步伐。

本书的内容安排如下。

第1章：After Effects基础操作。简要介绍After Effects的界面组成和必要的基础操作，旨在帮助读者迅速掌握After Effects的操作方法。

第2章：使用图层制作效果。介绍图层的使用方法，并讲解如何利用图层制作动画，例如简单的MG动画和轮播动画。

第3章：使用文字制作动画效果。介绍文字工具的使用方法，并讲解如何运用文字工具制作动画。

第4章：使用效果和预设制作动画效果。介绍After Effects的效果和预设模块，并讲解如何利用预设创建视频效果，如雪景、闪电和抖动效果等。

第5章：使用蒙版制作蒙版动画。详细介绍如何利用图层蒙版创建更为复杂的视频效果，例如海报效果和抠图特效等。

第6章：制作3D与跟踪动画。介绍制作3D动画和跟踪动画的方法，例如图片穿梭效果等。

第7章：调色技术应用。介绍After Effects的调色功能，是对视频效果制作中相关功能的补充，因此只介绍一些实用的工具。

第8章：商业综合实训。介绍After Effects的商业应用实例，读者可以根据自己的需求观看教学视频进行学习。

编者

2024年03月

学前导读

一、After Effects的应用领域

After Effects主要应用于2D和3D合成、动画制作和视觉特效制作领域。最初，它被广泛应用于电视栏目包装、影视特效和宣传片制作等领域。近年来，随着移动互联网的兴起，After Effects的应用范围已经扩展到MG动画、UI动效、营销H5和短视频制作等领域。

1. 电视栏目包装

在互联网尚未普及的时期，After Effects的主要用途是电视栏目包装。电视栏目包装是对电视频道、栏目、节目甚至整个电视台的整体形象进行规范和强化的一种外在形式要素。其作用在于彰显频道、栏目、节目的个性与特色，增强观众对频道、栏目、节目的识别能力，建立节目、栏目、频道的持久地位。

2. 影视特效

After Effects基于帧的动态影像设计方式，以及其具有的抠像、调色、粒子等功能，使得它在影视特效制作方面具有巨大的潜力。因为影视特效制作通常需要将一些由软件模拟的火海、3D建模的楼房、真实的拍摄场景等元素合成到一起，而要实现这些效果，就离不开抠像、调色等功能。

3. 宣传片

不管是常见的婚礼宣传片，还是企业宣传片、活动宣传片，大多都需要将实拍素材和各种图形或特效元素相结合，这时自然就会用到在合成方面表现特别突出的After Effects。

4. MG动画

MG是Motion Graphics的缩写，直译为"动态图形"或"图形动画"。作为一种影像艺术表现形式，MG动画凭借其出色的表现力和相对较低的制作成本，越来越受欢迎。目前，MG动画已被广泛应用于产品介绍短片、活动宣传片及科普短视频中。

5. UI动效

UI动效是指我们在手机或平板计算机等移动设备上看到的各种交互动画。它不仅可以帮助用户理解产品的逻辑，还能改善用户在使用产品时的体验。

6. 营销H5

近年来，每年年末朋友圈都会有许多人发布网易云音乐年度歌单的营销H5。这类H5通常将营销内容制作成生动且可交互的动画，让用户沉浸其中，从而增强内容的传播效果。除了网易云音乐，游戏发布前的预热、品牌宣传推广及媒体营销活动等，也会采用H5的形式。

7. 短视频

随着短视频平台的兴起，短视频内容不再局限于真实拍摄，很多专业短视频团队制作的"特效类视频"也受到用户的喜爱。此外，适当添加特效也能让日常类短视频更加出彩。

二、视频制作的相关概念

在使用After Effects制作视频后期效果之前，读者应该了解视频制作的相关概念，这些内容是从事视频制作类工作的理论基础，请务必掌握。

1. 视频格式

在处理视频时，不可避免地会遇到不同的格式。视频文件的扩展名有.mp4、.avi、.wmv等，它们代表不同的视频格式。常见的视频格式包括MP4、WMV、AVI等，近几年新推出的WebM文件格式因其文件较小，可以节省大量的服务器空间，受到许多线上平台的青睐。

» MP4

MP4是MPEG-4的简称，是当前视频网站中应用较为广泛的视频格式。一方面，因为MP4具有高压缩率并能保证图像质量；另一方面，网页中常用的Flash播放器和HTML5播放器都对MP4文件提供了良好的支持。

» WMV

WMV是Windows Media Video的缩写。相较于其他同质量条件下的视频格式文件，WMV文件更小，因此适合网络传播和播放。需要注意的是，在非Windows操作系统上播放该视频格式的文件时需要先安装相应的播放组件。

» AVI

AVI是Audio Video Interleaved的缩写，是一种视频格式，在Windows 3.1时期被推出。它可以在所有Windows系统下运行。

» MOV

MOV，即QuickTime视频格式，适用于苹果公司开发的操作系统。如果要在安卓或Windows操作系统上播放MOV文件，则需安装相应的解码器或播放组件，或将其转换为MP4或其他受到广泛支持的格式。

由于具有高度兼容性和卓越的画质表现，MOV格式在游戏预告片和网络视频中得到了广泛应用。注意，这种格式存在一些明显的缺点，例如文件较大等。尽管对于计算机用户，这并不是什么问题，但对于手机用户，这一问题就比较严重。

» WebM

WebM主要用于满足网络多媒体传输的需求。它以高度压缩、开放源代码和良好的视音频同步性能著称，常见使用场景包括在线视频分享平台、实时通信应用及HTML5标准中的视频元素。同质量条件下，WebM格式文件的大小和MP4格式文件几乎相同，但两者有一个重要的区别，那就是WebM支持Alpha通道，也就是常说的透明度信息。因此，在某些特殊场景下，只能使用WebM格式来呈现视频。

2. 帧

帧是动画或影片中最小的单幅影像画面单位。电影和视频都可以被视为随时间推移而连续变换的多个画面，这里的每一个画面可以被视为"1帧"。

» 关键帧

关键帧是指在动画中，对象运动变换过程中的关键动作所对应的帧。关键帧之间的帧被称为"过渡帧"或"中间帧"。关键帧可以由软件自动创建，也可以根据需要手动绘制。关键帧决定了对象的动作。

在After Effects中，若某个属性或滤镜前带有图标 ，则单击该图标即可创建关键帧。如果用户创建了两个关键帧，这两个关键帧之间会自动创建补间动画，如图A-1所示。

图 A-1

» **FPS**

FPS（Frames Per Second，帧/秒）是指每秒播放的图像帧数。常说的30FPS表示每秒播放30帧图像，同样，15FPS表示每秒播放15帧图像。因此，30帧/秒的视频比15帧/秒的视频更加流畅。

若视频帧速率低于24帧/秒，人在观看时就会感到视频卡顿，这也是为什么有句话说"电影是每秒24格的真理"。因此，在制作视频时通常不会将帧速率设置为低于24帧/秒。如果想要制作更加流畅的视频，可以将帧速率设置得更高，例如60帧/秒。

在After Effects中创建新合成时，可以在"合成设置"对话框中自定义帧速率。此外，还可以修改"预设"，帧速率会自动随预设类型改变，如图A-2所示。

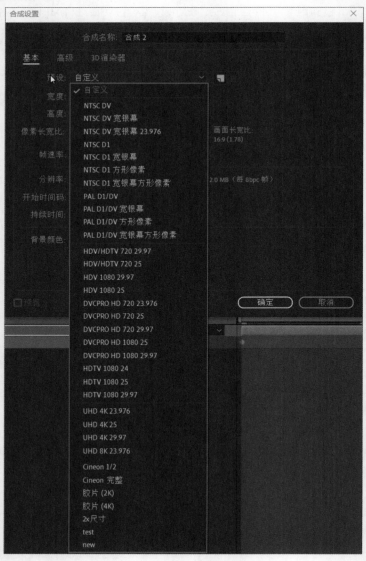

图 A-2

3. 分辨率

日常生活中，人们常说的720P、1080P、4K等评价视频清晰度的词汇，指的就是视频的分辨率。下面主要介绍P和K的含义。

» P的含义

P代表Progressive，即"逐行扫描"的意思，用于表示视频的总行数。因此，720P是指视频具有720行的像素（宽度），1080P是指视频具有1080行的像素（宽度）。注意，"×P"中的"×"表示视频的宽度，例如1080P即表示视频宽度为1080像素。视频的长度则是根据视频比例确定的，例如常见的16∶9的视频，其视频长度为1920像素，所以1080P视频的分辨率为1920像素×1080像素。

» K的含义

在电视和消费媒体领域，2K和4K都是指视频像素的总列数（长度）。因此，4K表示视频具有4000列的像素。主流的4K标准为3840像素×2160像素，比例同样为16∶9，在电视和消费媒体领域得到了广泛应用。注意，在电影放映行业，4K标准为4096像素×2160像素。

总之，高分辨率视频每一帧所包含的像素总量更多，从而提升了视频的清晰度。不过，这也意味着视频文件的增大，因此分辨率并非越高越好，在制作视频时应根据实际情况选择合适的分辨率。视频分辨率如图A-3所示。

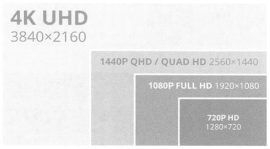

图 A-3

三、渲染配置

可能其他教程会将After Effects的渲染配置放在末尾章进行讲解，但为了方便读者在学习过程中进行练习，笔者将渲染配置的相关内容放在学前导读中进行讲解。读者根据下面的内容进行设置或在实际应用时查看此部分内容即可。

1. 使用渲染

下面介绍如何在After Effects中调用渲染功能、设置保存位置、配置队列渲染。

» 调用渲染功能

制作完视频后就可以进行渲染。在菜单栏中执行"合成>添加到渲染队列"菜单命令或按快捷键Ctrl+M，就可以将当前合成添加到After Effects的渲染队列，如图A-4所示。对于格式的选择，笔者不再进行介绍，读者可以参考学前导读"二、视频制作的相关概念"中"1.视频格式"的内容。

图 A-4

» 设置保存位置

01 将当前合成添加到渲染队列后，单击"输出到"后的文件名称，如图A-5所示，就可以在弹出的对话框中设置文件的保存位置，如图A-6所示。

图 A-5

图 A-6

02 单击"渲染"按钮（ 渲染 ），如图A-7所示，渲染完成后，即可在设置的保存位置中找到成品视频。

图 A-7

» 配置队列渲染

　　如果需要一次性渲染多个合成，则可以在"项目"面板中将想要渲染的合成选中，如图A-8所示。按快捷键Ctrl+M，将它们一次性添加到渲染队列中，如图A-9所示。设置好各项属性和输出的位置后，单击"渲染"按钮（ 渲染 ），即可进行队列渲染。

图 A-8

图 A-9

2. 输出设置

前面介绍的是使用默认的渲染参数进行渲染的方法，下面介绍自定义设置渲染参数的方法。

》 设置渲染参数

单击渲染队列中"渲染设置"后的蓝色字样，例如"最佳设置"，如图A-10所示，就可以在弹出的对话框中对输出的视频进行更详细的设置，如图A-11所示。

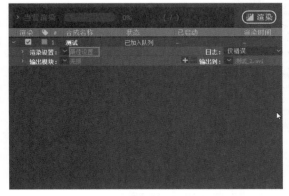

图 A-10

图 A-11

常用设置解析

品质：用于控制渲染出的视频质量，包括"最佳""草图""线框图"3个选项。通常情况下，选择"最佳"，输出的视频与在After Effects中的预览效果相同。

分辨率：用于控制输出视频的分辨率；分辨率越高，视频越清晰。如果选择"完整"，则输出视频的分辨率将与合成的分辨率相同。如果需要快速输出样片，可以选择"二分之一""三分之一"等其他选项。

效果：用于打开或关闭合成中的效果器。如果合成中使用了大量效果器，可以直接使用该选项关闭效果器，以提高渲染速度。

独奏开关：用于控制合成中开启了独奏开关的图层。如果选择"全部关闭"，那么合成中所有打开了独奏开关的图层的独奏状态将关闭。

帧速率：用于控制输出视频的帧速率；可以使用当前合成的帧速率，也可以单击数字切换到自己想要的帧速率。

自定义：用于控制渲染的开始时间、结束时间和持续时间。

设置完成后，单击"确定"按钮，即可保存当前设置。

》 输出模块

单击渲染队列中"输出模块"后的蓝色字样，如图A-12所示，可以对"输出模块"进行设置，如图A-13所示。

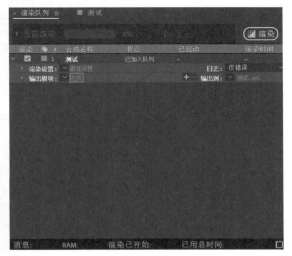

图 A-12

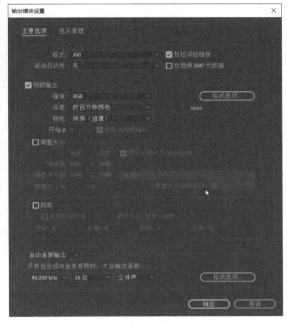

图 A-13

常用设置解析

格式： 用来选择输出视频的格式，如图A-14所示。

图 A-14

视频输出： 如果不勾选，则不会输出视频。默认勾选，如图A-15所示。

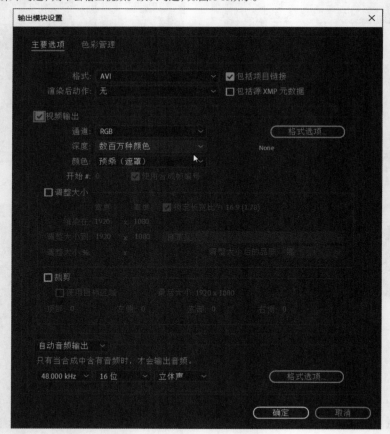

图 A-15

通道： 用来控制输出视频的通道。选择RGB，则输出正常色彩的视频；选择Alpha，则根据视频中的通道信息输出一个黑白视频；选择RGB+Alpha，则将正常的视频颜色和Alpha信息同时输出，但这里要注意，很多视频格式并不支持输出Alpha通道，即在输出之后Alpha信息会自动消失。

调整大小：　默认不勾选，勾选之后可以修改视频输出的大小，如图A-16所示。

图 A-16

裁剪：　默认不勾选，勾选后可以通过设置裁剪点的位置来裁剪输出的视频，如图A-17所示。

图 A-17

自动音频输出：　用来设置视频中的声音，默认选择"自动音频输出"，如图A-18所示，会根据视频中是否有音频来选择是否要输出音频。另外，也可以选择"打开音频输出"或者"关闭音频输出"。

图 A-18

3. 特殊渲染

下面介绍特殊渲染的设置方法，包括渲染单帧、渲染静音和渲染序列帧。

》渲染单帧

要输出视频的特定画面，需要使用After Effects自带的"渲染单帧"功能。在菜单栏中执行"合成>帧另存为>Photoshop图层"菜单命令，如图A-19所示。接下来在弹出的对话框中选择要保存的文件，以保存当前时间的画面并进行单帧渲染。

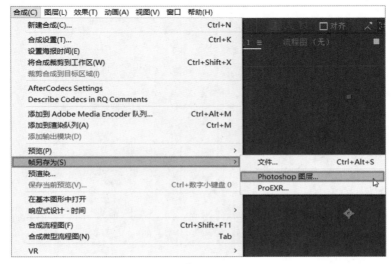

图 A-19

» 渲染静音

如果不希望最终输出的影片中包含音频，可以在添加合成到渲染队列后，单击"输出模块"后面的蓝色字样，如图A-20所示。在弹出的对话框中选择"关闭音频输出"，即可渲染输出没有声音的视频，如图A-21所示。

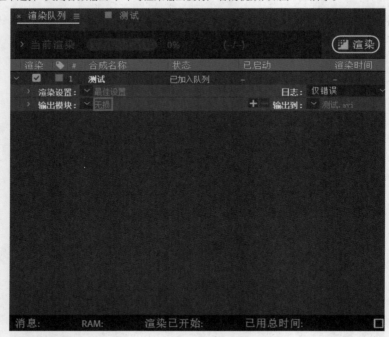

图 A-20

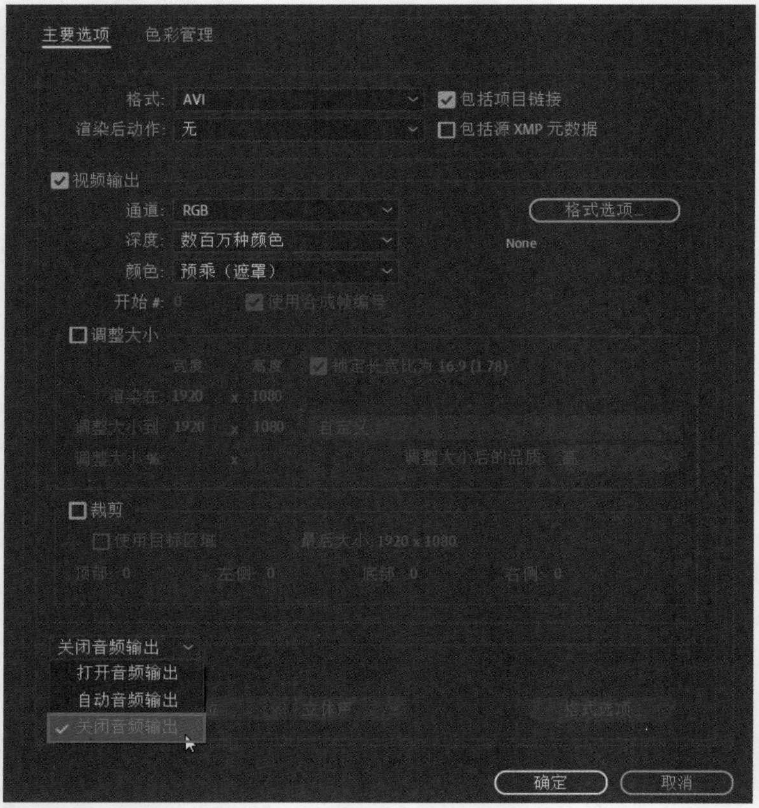

图 A-21

渲染序列帧

　　如果想以序列帧的形式渲染制作好的内容，需要单击"输出模块"后的蓝色字样，在弹出的对话框中设置"格式"为"'PNG'序列"，如图A-22所示。如果需要输出带有透明背景的序列，就需要将"通道"修改为RGB+Alpha，如图A-23所示。

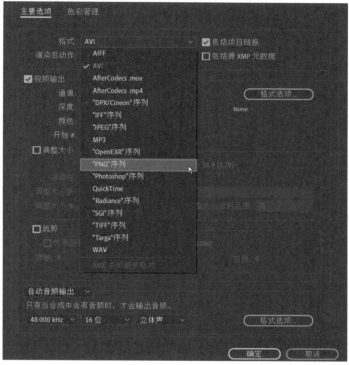

图 A-22

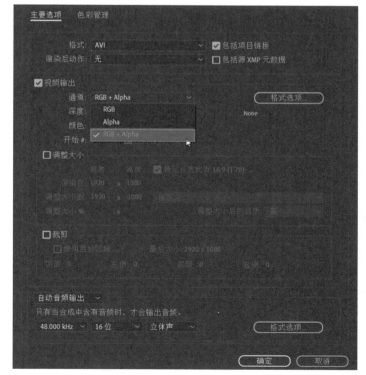

图 A-23

支持与服务

本书由"数艺设"出品，"数艺设"社区平台（www.shuyishe.com）为您提供后续服务。

配套资源

工程文件

在线教学视频

教师专享的PPT教学课件、电子教案

资源获取请扫码

（提示：微信扫描二维码关注公众号后，输入51页左下角的5位数字，获得资源获取帮助。）

"数艺设"社区平台，为艺术设计从业者提供专业的教育产品。

与我们联系

我们的联系邮箱是 szys@ptpress.com.cn。如果您对本书有任何疑问或建议，请您发邮件给我们，并请在邮件标题中注明本书书名及ISBN，以便我们更高效地做出反馈。

如果您有兴趣出版图书、录制教学课程，或者参与技术审校等工作，可以发邮件给我们。如果学校、培训机构或企业想批量购买本书或"数艺设"出版的其他图书，也可以发邮件联系我们。

关于"数艺设"

人民邮电出版社有限公司旗下品牌"数艺设"，专注于专业艺术设计类图书出版，为艺术设计从业者提供专业的图书、视频电子书、课程等教育产品。出版领域涉及平面、三维、影视、摄影与后期等数字艺术门类，字体设计、品牌设计、色彩设计等设计理论与应用门类，UI设计、电商设计、新媒体设计、游戏设计、交互设计、原型设计等互联网设计门类，环艺设计手绘、插画设计手绘、工业设计手绘等设计手绘门类。更多服务请访问"数艺设"社区平台www.shuyishe.com。我们将提供及时、准确、专业的学习服务。

第 4 章

使用效果和预设
制作动画效果 077

第 5 章

第 6 章

第 1 章

After Effects
基础操作

After Effects，业内通常简称为AE，主要用于制作动态图形和视觉特效。值得注意的是，尽管每个新版本都会升级一些功能或提供新功能，但这并不意味着软件需要立即更新到最新版本。首先，并非每个新功能都能为工作带来显著的帮助；其次，随着软件不断升级，其对硬件的要求也越来越高，可能会出现使用新版本时计算机发生"卡顿"的现象。

本章学习要点

▶ 掌握After Effects的界面组成

▶ 掌握After Effects支持的文件格式

▶ 掌握After Effects的工作流程

1.1　打开After Effects 2023

　　读者可以在不卸载旧版本After Effects的情况下，先试用一段时间的新版本。如果在使用过程中计算机运行流畅且新功能能够有效提升工作效率，就可以切换到新版本。After Effects 2023的启动界面如图1-1所示。

图1-1

1.2　快速使用After Effects

　　本节介绍After Effects的界面组成及其支持的文件格式，并引导读者使用After Effects。不同于其他教程，笔者总结出能让读者直接上手的操作技法，读者掌握本节的内容后，基本能进行简单的After Effects操作。复杂的应用将在后续的内容中进行介绍。

　☑ 提示

　　读者在学习本章内容之前，如果对视频基础知识不太了解，可以阅读"学前导读"的内容。

1.2.1　界面组成

　　打开After Effects 2023，会发现整个软件界面被分为6个工作区域和一个其他区域。这些区域分别是位于顶部的菜单栏、菜单栏下方的工具栏、左上角的"项目"面板和"效果控件"面板、中间的"合成"面板、底部的"时间轴"面板、右侧的"效果和预设"面板，以及其他面板，如图1-2所示。

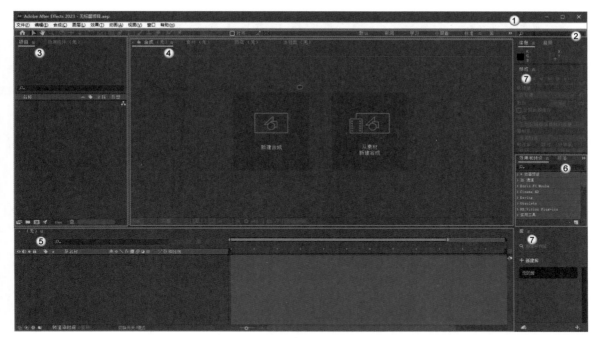

图1-2

①菜单栏，After Effects 共有 9 个菜单，分别是文件、编辑、合成、图层、效果、动画、视图、窗口和帮助。

②工具栏，该栏中包含 After Effects 的视频编辑工具。

③"项目"面板和"效果控件"面板。

"项目"面板：After Effects 中的音频、视频和图片等各类素材都存放在此面板中，在 After Effects 中创建的各种新合成也存放于此；此面板的主要功能包括导入、存放和管理各种素材和合成。

"效果控件"面板：该面板显示为时间轴上的各个图层添加的各类效果的具体属性，也可以在此直接修改这些属性。

④"合成"面板，用于预览当前时间轴面板中合成的效果。

⑤"时间轴"面板，用于剪辑、拼接、修改素材，调整素材参数，给素材创建动画，大部分编辑工作都在这个面板中完成。

⑥"效果和预设"面板，用于为时间轴中的素材添加 After Effects 自带的视频、音频等预设效果；如果安装了第三方插件，第三方插件的效果也会出现在这里。

⑦其他面板。

"信息"面板：用于显示当前所选素材的各项信息值。

"音频"面板：用于显示混合声道输出音量的大小。

"库"面板：用于存储数据的合集。

"对齐"面板：用于设置图层的对齐和分布方式。

"字符"面板：用于设置文本图层的各种属性，如字体、字号、粗体、斜体等。

"段落"面板：用于设置段落文本的相关属性，如左对齐、右对齐、首行缩进等。

"跟踪器"面板：在设置跟踪摄像机时，用于调整跟踪摄像机的各种参数。

"内容识别填充"面板：用于设置内容识别填充的各种属性。

After Effects作为一款专业的工作软件，旨在提高用户的工作效率。用户可以根据自己的习惯对该软件的界面进行高度灵活的自定义，可以调整各个面板的尺寸和位置，同时可以隐藏不常用的面板，仅保留部分常用面板。此外，After Effects还支持保存多个自定义的工作界面，以便在处理不同工作内容时进行快速切换。

1.调整面板的尺寸

将鼠标指针放置在面板边缘，当鼠标指针变为███样式时，按住鼠标左键左右或上下拖曳，可以调整面板的宽度和高度，如图1-3所示。

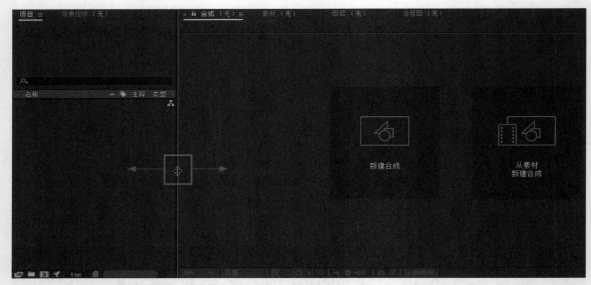

图1-3

如果想同时调整多个面板的尺寸，将鼠标指针定位到几个面板的交会处，当鼠标指针变成█样式时，按住鼠标左键并拖曳，即可同时调整与该点相邻的几个面板的尺寸。

2.隐藏和显示面板

单击任意面板名称后面的█按钮，在弹出的菜单中可以看到一系列与面板操作有关的命令，如图1-4所示。

执行"关闭面板"菜单命令即可将该面板隐蔽。被隐藏的任意面板都可以在菜单栏的"窗口"菜单中找到，如图1-5所示。

前面有☑的选项，表示该面板当前并没有被隐藏。如果想要调出隐藏的面板，可以单击该面板的名称，该面板会自动出现在工作区。

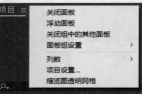

图1-4

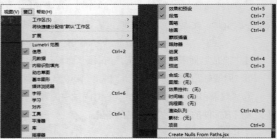

图1-5

3.自定义工作区

调整好各个面板的尺寸后，如果想要保存该设置，可以执行"窗口>工作区>另存为新工作区"菜单命令，将当前的工作区另存为一个新的工作区，如图1-6所示。

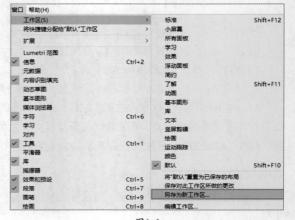

图1-6

在为新工作区命名之后，可以在工具栏的右侧看到创建的工作区，如图1-7所示。单击其他工作区的名称可以将软件界面切换为相应的工作区。

单击工具栏右侧的 按钮，在弹出的菜单中执行"编辑工作区"命令，即可直接在"编辑工作区"对话框中一次性增加和删除所有面板，如图1-8所示。

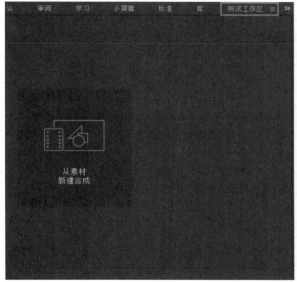

图1-7

图1-8

1.2.2 文件格式

作为视频合成类软件，After Effects支持多种文件格式的导入和导出。常用格式如表1-1～表1-4所示。

表1-1 音频文件格式

格式	导入/导出支持
MPEG-1 Audio Layer II	仅导入
Advanced Audio Coding（AAC、M4A）	导入和导出
Audio Interchange File Format（AIF、AIFF）	导入和导出
MP3（MP3、MPEG、MPG、MPA、MPE）	导入和导出
Waveform（WAV）	导入和导出

表1-2 静态图像格式

格式	导入/导出支持
Adobe Illustrator（AI、EPS、PS）	仅导入
Adobe PDF（PDF）	仅导入
Adobe Photoshop（PSD）	导入和导出
Bitmap（BMP、RLE、DIB）	仅导入
Camera Raw（TIF、CRW、NEF、RAF、ORF、MRW、DCR、MOS、RAW、PEF、SRF、DNG、X3F、CR2、ERF）	仅导入
DPX/Cineon（CIN、DPX）	导入和导出
CompuServe GIF（GIF）	仅导入
Discreet RLA/RPF（RLA、RPF）	仅导入
ElectricImage IMAGE（IMG、EI）	仅导入
Encapsulated PostScript（EPS）	仅导入
IFF（IFF、TDI）	导入和导出
JPEG（JPG、JPEG）	导入和导出
HEIF	仅导入
Maya场景（MA）	仅导入

表1-2 静态图像格式（续）

格式	导入/导出支持
OpenEXR（EXR、SXR、MXR）	导入和导出
PCX（PCX）	仅导入
Portable Network Graphics（PNG）	导入和导出
Radiance（HDR、RGBE、XYZE）	导入和导出
SGI（SGI、BW、RGB）	导入和导出
Softimage PIC（PIC）	仅导入
Targa（TGA、VDA、ICB、VST）	导入和导出
TIFF（TIF、TIFF）	导入和导出

表1-3 视频和动画文件格式

格式	导入/导出支持
Panasonic	仅导入
RED（R3D）	仅导入
Sony X-OCN	仅导入
Canon EOS C200 Cinema RAW Light（CRM）	仅导入
RED Image Processing	仅导入
Sony VENICE X-OCN 4K 4:3 Anamorphic and 6K 3:2（MXF）	仅导入
MXF/ARRIRAW	仅导入
H.265（HEVC）	仅导入
3GPP（3GP、3G2、AMC）	仅导入
Adobe Flash Player（SWF）	仅导入
Adobe Flash Video（FLV、F4V）	仅导入
Animated GIF（GIF）	导入
Apple ProResCodec	仅导出
AVCHD（M2TS）	仅导入
DV	导入和导出
H.264（M4V）	仅导入
Media eXchange Format（MXF）	仅导入
MPEG-1（MPG、MPE、MPA、MPV、MOD）	仅导入
MPEG-2（MPG、M2P、M2V、M2P、M2A、M2T）	仅导入
MPEG-4（MP4、M4V）	仅导入
Open Media Framework（OMF）	导入和导出
QuickTime（MOV）	导入和导出
Video for Windows（AVI）	导入和导出

表1-4 项目文件格式

格式	导入/导出支持
Advanced Authoring Format（AAF）	仅导入
AEP、AET	导入和导出
Adobe After Effects XML 项目（AEPX）	导入和导出
Adobe Premiere Pro（PRPROJ）	导入和导出

✓ 提示 --->

遇到某些格式的文件无法导入After Effects的情况应该如何处理？

前面提到的MOV和AVI文件，在计算机中播放需要安装相应的播放组件。若计算机未安装相应的播放组件，这两种格式的文件也无法成功导入After Effects。例如，使用Windows操作系统的计算机可能会出现无法导入MOV文件的情况，此时只需安装QuickTime即可解决导入问题。

1.2.3 工作流程

在使用After Effects制作视频时，通常需要先根据最终的使用场景新建一个对应尺寸和帧速率的合成，然后导入需要处理的视频素材，接着将它们拖曳到合成的时间轴上，为某些属性添加关键帧动画或添加效果并制作动画，最后将整个项目导出为一个完整的成品视频。

案例训练：制作卡片动画

工程文件	工程文件>CH01>案例训练：制作卡片动画
学习目标	掌握After Effects的常规工作流程
难易程度	★ ☆ ☆ ☆ ☆

1.新建合成

在"项目"面板底部单击"新建合成"按钮██。在弹出的"合成设置"对话框中设置"宽度"为960px，"高度"为540px，"帧速率"为24帧/秒，"分辨率"为"完整"，"持续时间"为6秒（0:00:06:00），单击"确定"按钮，如图1-9所示。

图1-9

2.导入素材

01 在"项目"面板的空白处单击鼠标右键，执行"导入>文件"菜单命令，或者按快捷键Ctrl+I，在弹出的对话框中找到并单击需要导入的素材文件bg.mp4，如图1-10和图1-11所示。

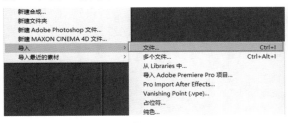

图1-10

图1-11

☑ 提示 -- >

本例的工程文件所在位置为学习资源中的"工程文件>CH01>案例训练：制作卡片动画"，也就是打开"工程文件"文件夹，然后打开CH01文件夹，素材文件就在"案例训练：制作卡片动画"中。后续"案例训练"和"拓展实训"的素材均是如此。

02 将"项目"面板中的bg.mp4文件拖曳至"时间轴"面板，然后按S键，设置bg.mp4图层下方的"缩放"为（75%，75%），使bg.mp4的4条边与整个合成完美贴合，如图1-12所示。

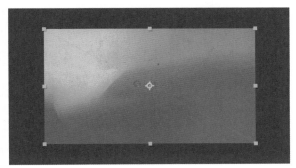

图1-12

3.制作卡片

01 在工具栏中单击"矩形工具" ■，在合成中央绘制一个矩形（确保没有在"时间轴"面板中选中其他图层），单击图层左侧的 ▶，展开"形状图层1"的属性，再展开"内容"中"矩形1"下的"矩形路径1"，设置"大小"为（370,260），"圆度"为"20"，如图1-13所示。

图1-13

02 单击"时间轴"面板下方的"切换开关/模式"按钮 切换开关/模式 ，单击"形状图层1"后面的"调整图层"按钮 ◎。在"效果和预设"面板中搜索"快速方框模糊"，将其添加到"形状图层1"上，在"效果控件"面板中设置"快速方框模糊"的"模糊半径"为50，如图1-14所示。

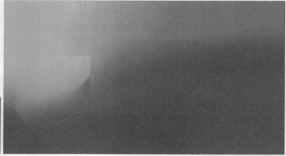

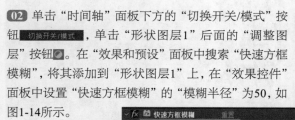

图1-14

03 按两次快捷键Ctrl+D，将"形状图层1"复制两次，以生成两个副本；然后在"效果和预设"面板中搜索"分形杂色"，将该效果添加到"形状图层2"上，并删除"形状图层2"中的"快速方框模糊"效果；接着设置"分形杂色"中"变换"的"缩放"为1；继续设置"不透明度"为50%；最后选择"形状图层2"，按T键调出"不透明度"属性，并设置"不透明度"为20%，如图1-15所示。

图1-15

04 选中"形状图层3",同"形状图层2"一样,删除"快速方框模糊"效果,并关闭"调整图层"效果。设置"描边1"的"描边宽度"为1,"填充1"的"不透明度"为0%,这样填充就会完全透明,如图1-16所示。

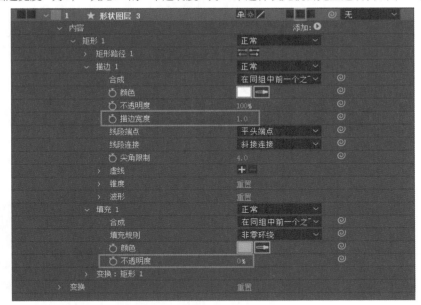

图1-16

05 选择"横排文字工具" **T**,在卡片的中央位置单击,输入文本"After Effects"。在"字符"面板中将字体设为"思源黑体",字重设为Light,字号改成36像素,如图1-17所示。

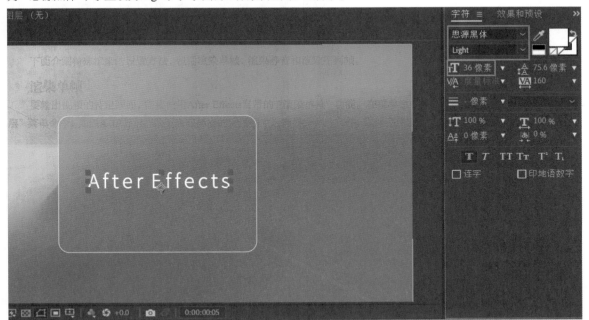

图1-17

提示 --

选择除bg.mp4之外的其他4个图层,在"对齐"面板中设置"将图层对齐到"为"合成",然后依次单击"水平对齐"按钮 **-** 和"垂直对齐"按钮 **-** ,让整个卡片元素居于合成的中央。

4.制作动画

按住Ctrl键，依次选中"形状图层1""形状图层2""形状图层3"，单击"父级和链接"下的下拉按钮，将这3个形状图层的父级都设置为文本图层（After Effects），如图1-18所示。

图1-18

提示 ---

选中文本图层"After Effects"，按P键，调出"位置"属性。将时间线移动到0秒处，单击"位置"属性左侧的 ，将"位置"设置为（480,280）；再将时间线移动至3秒处，将"位置"设置为（500,280）；最后将时间线移动至6秒处，将"位置"设置为（480,280）。此时，按Space键就可以预览制作好的动画了。

5.输出视频

01 选中"时间轴"面板，执行"合成>添加到渲染队列"菜单命令或者按快捷键Ctrl+M，将时间轴上的当前合成添加到渲染队列，如图1-19所示。

02 单击"输出模块"后的"无损"，在弹出的"输出模块设置"对话框中将"格式"设置为AVI，如图1-20所示。

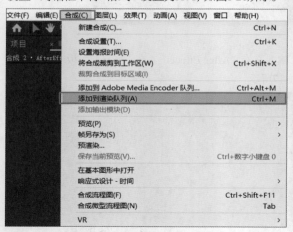

图1-19

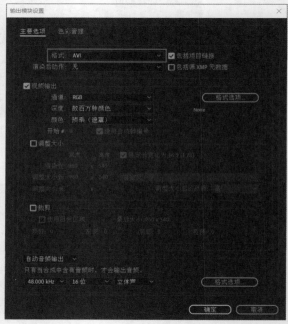

图1-20

03 单击"输出到"后面的"合成2.avi"，将视频保存到想要保存的位置，在对话框下方的"文件名"处可以修改输出视频的名称，如图1-21所示。

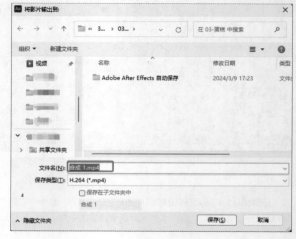

图1-21

第 2 章

使用图层
制作效果

本章详细介绍图层的相关概念和基本操作，包括创建、复制和删除图层等，并讲解如何使用不同的图层属性来制作特定的效果，以及如何使用图层混合模式来创建不同的合成效果。

本章学习要点

▶ 掌握图层的相关概念

▶ 掌握图层的基本操作

▶ 掌握图层混合模式的使用方法

2.1 图层基础

本节主要介绍图层的基础知识，包括图层的概念、素材导入，以及图层的基本操作。

2.1.1 认识图层

使用Photoshop制作海报时，需要将多个图层按照特定的次序叠加在一起。同样地，在After Effects中制作视频时也需要组合多个图层。在After Effects中，导入的音频、视频、图片等素材会以图层的形式被导入"时间轴"面板中，作为视频的合成文件。在"时间轴"面板中可以对某些属性进行关键帧动画的制作，或添加效果器、设置参数等，以达到最终想要的效果。

After Effects中有许多类型的图层，常用的有基础图层、纯色图层、文本图层、形状图层、摄像机图层、调整图层、空对象图层和内容识别填充图层。要创建这些图层，可以在"时间轴"面板中右击，然后执行"新建"菜单命令，如图2-1所示。另外，在菜单栏中执行"图层>新建"菜单命令也可以创建各种类型的图层，如图2-2所示。

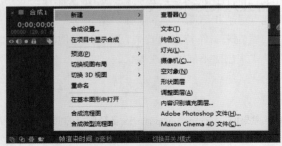

图2-1

图2-2

2.1.2 了解合成

合成类似画布，可以把用于合成视频的各种元素放在这个画布上，而合成本身又可以作为一个素材导入另一个合成。同时，合成的属性也会直接影响输出的视频。

比较快捷的创建合成的方式是单击"项目"面板底部的"新建合成"按钮■。在"项目"面板的空白处右击并选择"新建合成"命令，也可以创建新合成，如图2-3所示。另外，执行"合成>新建合成"菜单命令也可以创建新合成，如图2-4所示。

图2-3

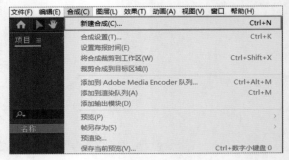

图2-4

在弹出的"合成设置"对话框中可以设置合成的各项参数，如图2-5所示。设置完参数之后，单击"确定"按钮，即可完成合成的创建。

图2-5

2.1.3 素材导入

在实际工作场景中经常需要大批量导入素材，所以After Effects不仅支持导入单个素材，还支持一次性导入多个素材。在"项目"面板的空白处右击，在弹出的菜单中可以选择导入单个文件或多个文件两种方式，对应的快捷键分别为Ctrl+I和Ctrl+Alt+I，如图2-6所示。另外，也可以在菜单栏中执行"文件>导入>文件/多个文件"菜单命令，以导入素材，如图2-7所示。

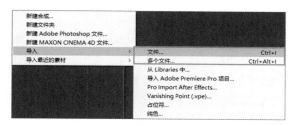

图2-6

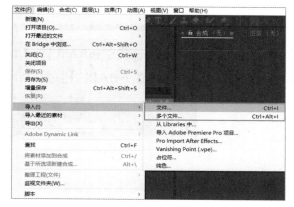

图2-7

☑ 提示 ----------------------------------->

需要注意的是，在导入Photoshop文件或包含多个图层的AI文件时，After Effects会弹出对应的对话框。这里以Photoshop文件为例，如图2-8所示。如果希望将整个Photoshop文件作为一个合成导入，并且每个元素图层的大小与元素大小一致，那么应选择"合成-保持图层大小"选项；否则，选择"合成"选项。如果只想将Photoshop文件整体作为一个素材导入，那么应选择"素材"选项。

图2-8

Photoshop中的图层样式可以被After Effects继承。如果想要在使用After Effects时继续调整图层样式，可以选择"可编辑的图层样式"；如果不想编辑图层样式，则应选择"合并图层样式到素材"，这样图层样式就会栅格化到图层上。"图层选项"如图2-9所示。

图2-9

2.1.4 图层的基本操作

本小节主要介绍图层的基本操作，包括选择图层、重命名图层、调整图层顺序、复制/粘贴图层等。

1. 选择图层

在"时间轴"面板中单击某个图层，可以直接选择该图层。按住Ctrl键的同时依次单击图层，可以加选这些图层，如图2-10所示。

图2-10

按住Shift键的同时依次单击起始图层和结束图层，即可选中这两个图层，以及它们之间的所有图层，如图2-11所示。

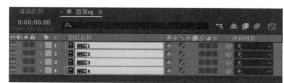

图2-11

2. 重命名图层

选择想要重命名的图层，按Enter键，图层名即可进入编辑状态，如图2-12所示。输入完成后单击其他位置或再次按Enter键，即可完成重命名操作，如图2-13所示。

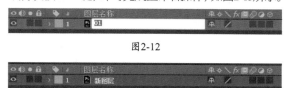

图2-12

图2-13

3. 调整图层顺序

选中想要调整顺序的图层，可按住鼠标左键将其拖曳至其他图层的上方或下方。注意，图层顺序会影响画面的显示效果，如图2-14所示。

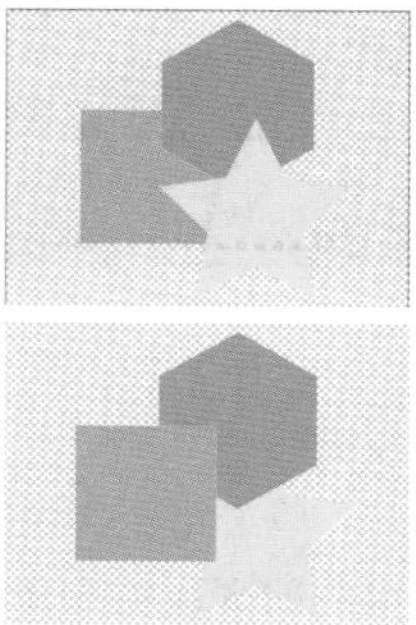

☑ 提示 ----------------------->
图层操作的常用快捷键如下。
图层置顶：Ctrl+Shift+]。
图层置底：Ctrl+Shift+[。
图层下移：Ctrl+[。
图层上移：Ctrl+]。

图2-14

4. 图层的复制/粘贴

选中想要复制的图层，按快捷键Ctrl+C复制图层，再按快捷键Ctrl+V粘贴图层，即可将这个图层复制一份。另外，按快捷键Ctrl+D可直接得到图层副本。

5. 删除图层

选中一个和多个想要删除的图层，按Delete键或退格键，即可完成删除操作。

6. 隐藏和显示图层

单击图层左侧的 ，即可将图层隐藏，合成中对应的图层也会消失，再次单击即可显示该图层。当"时间轴"面板中图层较多时，除了可以通过图层名称找到想要的图层，还可以通过对图层的隐藏/显示的切换找到想要的图层。对比效果如图2-15和图2-16所示。

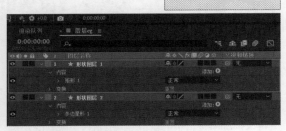

图2-15

图2-16

7. 锁定图层

单击图层前面的 ，即可将对应的图层锁定，锁定后的图层将无法被选择或编辑。再次单击 即可取消锁定。

8. 图层的预合成

预合成使用户能更方便地管理图层、添加效果等，功能类似于Photoshop中图层的"编组"。想要编辑预合成中的元素，只需要双击预合成，进入预合成内部，即可进行编辑。在"时间轴"面板上选中想要合成的图层，按快捷键Ctrl+Shift+C，在弹出的"预合成"对话框中设置"新合成名称"，单击"确定"按钮，即可完成预合成的制作，如图2-17所示。

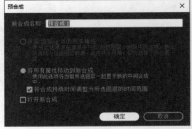

图2-17

☑ 提示 ──→

如果将单个图层（非形状图层）转换为预合成，"预合成"对话框中会出现"保留'××'中的所有属性"和"将所有属性移动到新合成"，如图2-18所示。"保留'××'中的所有属性"即将该图层添加的各种属性、关键帧动画转移到预合成上。

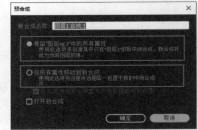

图2-18

9. 图层的切分

当需要修改图层的持续时间时，就需要对图层进行切分。将鼠标指针移动到图层左侧或右侧的端点，当鼠标指针变成 时，按住鼠标左键不放，向内侧拖曳鼠标，即可调整图层的持续时间，如图2-19所示。

图2-19

如果想将某个图层切分为多段，可以执行"编辑>拆分图层"菜单命令，也可以按快捷键Ctrl+Shift+D。切分效果如图2-20所示。

图2-20

2.2 使用纯色图层制作简单动画

本节主要介绍纯色图层的创建和修改，以及如何设置纯色图层的相关属性。

2.2.1 创建和修改纯色图层

在"时间轴"面板的空白处右击，执行"新建>纯色"菜单命令或按快捷键Ctrl+Y，如图2-21所示。在弹出的"纯色设置"对话框中可以设置"名称""宽度""高度"，可以通过单击"颜色"色块修改纯色图层的颜色，也可以通过单击"制作合成大小"按钮将纯色图层的尺寸直接修改为当前合成的尺寸，如图2-22所示。确认无误后单击"确定"按钮，即可完成纯色图层的创建。

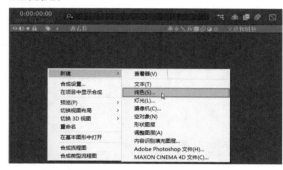

图2-21

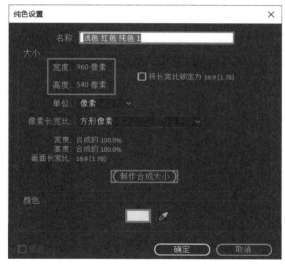

图2-22

选中想要修改的纯色图层，执行"图层>纯色设置"菜单命令，或者按快捷键Ctrl+Shift+Y，如图2-23所示，即可再次调出"纯色设置"对话框，可在其中修改该纯色图层的尺寸或颜色。

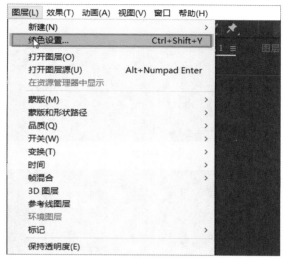

图2-23

2.2.2 图层的基本属性

单击纯色图层左侧的■，再单击"变换"前面的■，即可展开纯色图层的基本变换属性，如图2-24所示。

图2-24

☑ 提示 --

后续不再介绍展开属性的方法，读者照此操作即可。

1. 锚点

"锚点"用于修改纯色图层的锚点位置，纯色图层的位移、缩放、旋转都以锚点为依据，所以锚点位置会直接影响纯色图层旋转和缩放的方式。同样是让纯色图层旋转45°，不同的锚点位置会让最终的旋转效果不相同，如图2-25和图2-26所示。

图2-25

图2-26

因此在制作位移、缩放、旋转动画时，一定要先确定锚点的位置，否则就会得到意料之外的结果。将鼠标指针放到右侧的数值上，按住鼠标左键并左右拖曳鼠标可以改变锚点位置的数值，如图2-27所示。另外，还可以单击数值后直接输入任意数值，如图2-28所示。注意，此类属性都可以通过这两种方式修改数值，笔者后续不再详述。

图2-27

图2-28

单击工具栏中的"向后平移（锚点）工具" ，直接将鼠标指针移动到纯色图层的锚点上，拖曳锚点，即可修改锚点位置，如图2-29所示。另外，选中想要重置锚点位置的纯色图层，按住Ctrl键并双击"向后平移（锚点）工具" ，即可将锚点重置到图层的默认位置，也就是图层的中心。

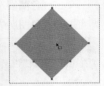

图2-29

2. 位置

"位置"用于控制图层在整个合成中的位置。"位置"的两个数值刚好就是该图层锚点在当前合成中的横、纵坐标，如图2-30所示。

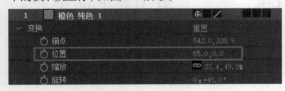

图2-30

3. 缩放

"缩放"用于控制图层的大小和比例，如图2-31所示。默认情况下，修改其中一个数值，另外一个数值也会跟随着变化，这就是比例约束。单击数值左侧的 ，可以取消比例约束，再次单击可重新约束比例。

图2-31

取消比例约束之后，将两个数值调整为某个比例，再重新约束比例，这时调整其中一个数值时，另外一个数值会以新的比例为依据进行变化。演示过程如图2-32和图2-33所示。

图2-32

图2-33

4. 关键帧动画

每个属性前面都有一个 ，单击之后就可以给这个属性在当前时刻创建一个关键帧。在After Effects中，有 的属性都可以用于创建关键帧和制作动画，如图2-34所示。

图2-34

下面以"位置"属性为例，在第0帧处单击"位置"前面的 ，然后将时间线拖曳到1s处，按住鼠标左键拖曳纯色图层，会发现"位置"属性在1s处也创建了一个关键帧，如图2-35所示。这时按Space键预览效果，会发现纯色图层有了一个位移动画，这个动画就叫关键帧动画。

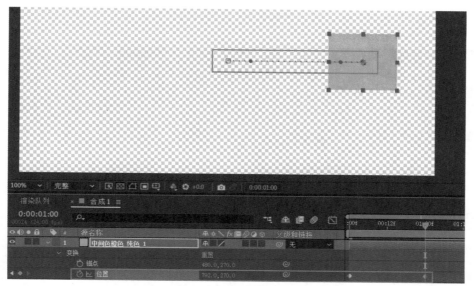

图2-35

5. 创建调整图层

在"时间轴"面板的空白处右击，执行"新建>调整图层"菜单命令，如图2-36所示，即可创建一个调整图层。调整图层的作用是将自己"身上"的效果传递给位于自己下方的图层。

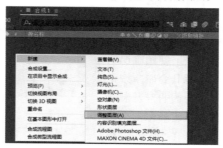

图2-36

例如，为调整图层添加"色相/饱和度"效果，并将"主饱和度"改成 −100，调整图层下方图层的颜色的饱和度也会下降100%，如图2-37所示。

图2-37

除了添加颜色修正相关的效果，还可以为调整图层添加类似于"高斯模糊"这样的效果，同样，也会对调整图层下方的图层产生作用，如图2-38所示。

图2-38

提示 --

在After Effects中，只要图层后面的"调整图层"按钮可以单击，那么这个图层就可以直接转换为调整图层，如图2-39所示。

图2-39

例如将一个文本图层转换为调整图层，那么文本图层中有像素的区域就会对文本图层下方的图层中相应的区域产生作用，效果如图2-40所示。

图2-40

案例训练：制作闪烁消失的吊灯MG动画

工程文件	工程文件>CH02>案例训练：制作闪烁消失的吊灯MG动画
学习目标	掌握图层的基本属性
难易程度	★☆☆☆☆

下面使用图层的基本属性制作动画，最终效果如图2-41所示。

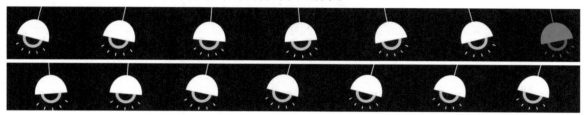

图2-41

01 在"项目"面板的空白处右击，执行"导入>文件"菜单命令，选择"灯.psd"并确定，在弹出的对话框中设置"导入种类"为"合成-保持图层大小"，"图层选项"为"合并图层样式到素材"，单击"确定"按钮，如图2-42所示。

02 双击"灯"合成，选择"灯罩""灯光""灯泡"图层，将它们的父级都修改为"线"图层，如图2-43所示。

03 单击工具栏中的"向后平移（锚点）工具" ，将"线"图层的锚点调整到图层的顶部，如图2-44所示。

图2-42

图2-43

图2-44

04 选中"线"图层，按R键调出其"旋转"属性，在第0帧处将"旋转"的数值调整为+15°，并单击"旋转"左侧的 ，添加关键帧，如图2-45所示。

05 将时间线移动到1s处，将"旋转"的数值修改为−15°；将时间线移动到2s处，将"旋转"的数值修改为+15°，这样就实现了吊灯在2秒内来回摆动的效果。关键帧分布如图2-46所示。

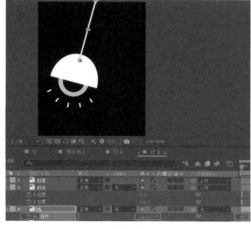

图2-45

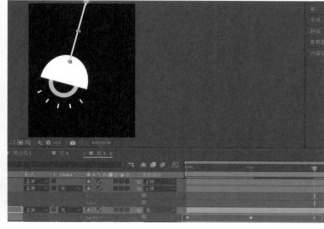

图2-46

06 选中3个"旋转"的关键帧（框选部分），按F9键，将其转换为缓动关键帧，使吊灯在摆动过程中的速度变换接近于现实生活中的"钟摆"，如图2-47所示。

图2-47

07 将时间线移动到2s处，按N键，将预览区域缩小到2s，此时按Space键预览动画，After Effects只会渲染2s内的动画，如图2-48所示。

08 选中"灯光"图层，将它的锚点调整到"灯罩"的下沿处。在第0帧处，将"缩放"调整为（95%，95%），并单击"缩放"左侧的🕐，添加关键帧；将时间线移动到第5帧处，将"缩放"调整为（100%，100%），此时"缩放"属性会在第5帧处自动添加关键帧；将时间线移动到第10帧处，将"缩放"调整为（95%，95%）。关键帧分布如图2-49所示。

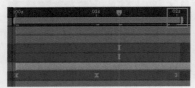

图2-48

图2-49

09 选中添加好的3个关键帧，按快捷键Ctrl+C复制，然后在最后一个关键帧处依次粘贴5次。关键帧分布如图2-50所示。

图2-50

10 选中所有的图层，按快捷键Ctrl+Shift+C，将它们合并为一个预合成，如图2-51所示。

图2-51

11 选中"预合成2"图层，按T键调出"不透明度"属性。将时间线拖曳到1s处，单击"不透明度"左侧的🕐，添加关键帧；将时间线后移2帧，将"不透明度"改成0%；继续后移两帧，将"不透明度"改成100%；按快捷键Ctrl+C，复制这3个"不透明度"的关键帧，并在最后一个关键帧处按快捷键Ctrl+V粘贴关键帧。这样闪烁效果就制作完成了，关键帧分布如图2-52所示。

图2-52

2.3 使用形状图层制作形状动画

本节主要介绍形状图层和形状工具，以及如何使用形状图层制作动画。

2.3.1 创建特定形状的形状图层

本小节主要介绍创建特定形状的工具和各种形状的相关属性。

1. 矩形工具

单击工具栏中的"矩形工具" ■，在合成中按住鼠标左键不放，拖曳鼠标，可以绘制出一个矩形，如图2-53所示。如果在绘制的同时按住Shift键，则绘制出来的是一个正方形，如图2-54所示。

图2-53　　　　　　　图2-54

2. 圆角矩形工具

单击"矩形工具" ■，按住鼠标左键不放，会弹出切换菜单，选择"圆角矩形工具" ■。用和绘制矩形一样的操作方式即可绘制出圆角矩形，如图2-55所示。如果在绘制时按住Shift键，则会绘制出一个四边等长的圆角矩形，如图2-56所示。

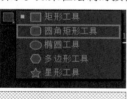

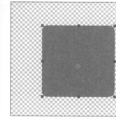

图2-55　　　　　　　图2-56

圆角大小的修改可以通过展开图层的"内容"，并修改"圆度"的数值实现，如图2-57所示。

图2-57

3. 椭圆工具

用同样的方法将工具切换为"椭圆工具" ●，使用"椭圆工具"可以绘制出椭圆，同样地，若绘制时按住Shift键，则可以绘制出一个圆，如图2-58所示。

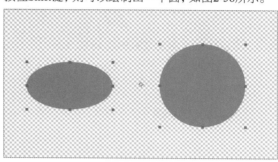

图2-58

4. 多边形工具

使用"多边形工具" ● 可以绘制出六边形，在绘制的同时按住Shift键，可以让六边形的一个角始终朝上，如图2-59所示。

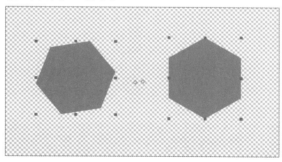

图2-59

在绘制的同时按↑键或↓键，可以修改多边形的边数，按↑键可以增加边数，按↓键可以减少边数，最少可减少为三边，也就是三角形，如图2-60所示。

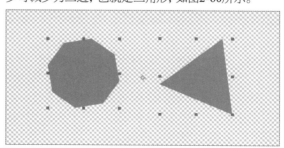

图2-60

绘制完成之后可以通过展开图层的"内容>多边星形1>多边星形路径1",并修改"点"属性的值来调整多边形的边数,如图2-61所示。

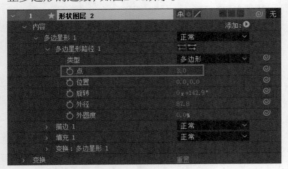

图2-61

5. 星形工具

使用"星形工具" ☆可以绘制出五角星,如图2-62所示。

图2-62

绘制完成后展开图层的"内容",可以看到星形的其他属性,通过修改这些属性的值可以调整星形的形状,如图2-63所示。

图2-63

在"类型"属性中可以将"星形"切换为"多边形"。"点"属性用于控制星形的角的数量。"位置"和"旋转"属性用于控制星形的位置和旋转角度。

"内径"和"外径"属性则分别用于控制图2-64和图2-65所示的红圈和绿圈的直径。

图2-64

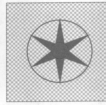

图2-65

"内圆度"用于控制红圈上的所有角的圆滑程度,数值越高,红圈上的角越圆滑,如图2-66所示。

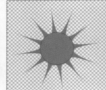

图2-66

"外圆度"用于控制绿圈上的所有角的圆滑程度,数值越高,绿圈上的角越圆滑,如图2-67所示。

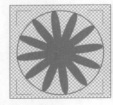

图2-67

6. 修改基本属性

选中绘制好的形状,在工具栏的右侧可以看到形状基本属性的参数,分别是"填充"和"描边",如图2-68所示。

图2-68

"填充"属性用于修改形状的填充样式,单击■,会弹出"填充选项"对话框,并且可以看到当前激活的是第2个填充样式■,即"纯色",如图2-69所示。

图2-69

第1个填充样式■为"无",切换到"无"后形状的填充就没有了;第2个填充样式■为"纯色",切换到"纯色"后形状被填充为单一颜色;第3个填充样式■为"线性渐变",切换到"线性渐变"后形状的填充样式会变成线性渐变;第4个填充样式■为"径向渐变",切换到"径向渐变"后形状的填充样式会变成径向渐变。效果如图2-70所示。

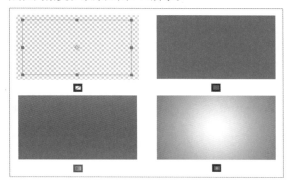

图2-70

📝 提示 ----------------------------→

"描边"主要用于设置形状的边框颜色和宽度,根据需求设置即可。

2.3.2 创建任意形状的形状图层

单击工具栏中的"钢笔工具"✒,在不选中任何图层的前提下,在合成的空白处单击,会自动创建一个形状图层。当单击的点形成一个闭合的路径时,就创建出了一个自定义形状的形状图层,如图2-71所示。

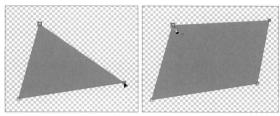

图2-71

将鼠标指针移动到创建好的形状的某个点上,按住鼠标左键不放,拖曳点,可以调整形状,如图2-72所示。

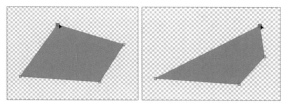

图2-72

在选中"钢笔工具"✒的前提下,将鼠标指针移动至形状的边上,当鼠标指针右下角出现"+"时,单击路径,可以在路径上添加点,通过调整新增的点的位置可以修改形状,如图2-73所示。

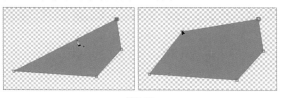

图2-73

在"钢笔工具"✒上长按,将"钢笔工具"切换为"删除'顶点'工具"✒,此时将鼠标指针移动至形状的任意顶点上并单击,就可以删除该顶点,如图2-74所示。

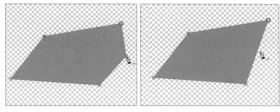

图2-74

在"钢笔工具"✒上长按,将"钢笔工具"切换为"转换'顶点'工具"◤,此时将鼠标指针移动至形状的任意顶点上并单击,可转换该顶点,如图2-75所示。

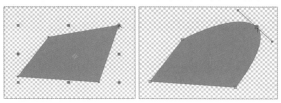

图2-75

2.3.3 形状图层的基本属性

在合成中央绘制一个矩形,展开矩形图层的全部属性,然后依次展开"内容>矩形1",可以看到形状图层除了拥有纯色图层的基本属性,还有专属于自己的一系列属性,如图2-76所示。

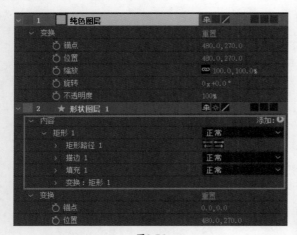

图2-76

1. 路径属性

展开"矩形路径1",其中包含控制形状外观的属性。和纯色图层的"缩放"属性一样,通过修改"大小"属性的数值可以直接修改矩形的长和宽,单击 🔗 即可取消比例约束,如图2-77所示。

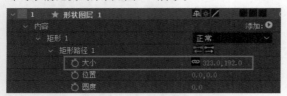

图2-77

"位置"属性用于控制"矩形1"在该图层内的位置,但不会影响这个形状图层在合成中的位置,如图2-78所示。

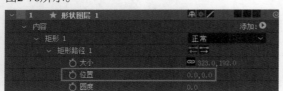

图2-78

"圆度"属性用于控制"矩形1"4个角的圆度,数值越大,圆角越圆滑,如图2-79所示。

图2-79

2. 描边属性

"描边1"中包含控制描边的全部属性。

"颜色"属性用于控制描边的颜色,单击吸管按钮 ■ 可以打开"拾色器"对话框,在"拾色器"对话框中可以为描边选取任意颜色。"不透明度"属性用于控制描边的不透明度;"描边宽度"属性用于控制描边的粗细,数值越大,描边越粗。演示效果如图2-80所示。

图2-80

"线段端点"共有3种,分别是"矩形端点""圆头端点""平头端点",样式如图2-81所示。"平头端点"和"矩形端点"的区别是"矩形端点"会超出路径一些。

图2-81

"线段连接"也有3种,分别是"斜接连接""圆角连接""斜面连接",样式如图2-82所示。

图2-82

单击"虚线"右侧的 ➕,可为当前路径添加虚线效果。"虚线"的数值越大,每段虚线的长度就越长,如图2-83所示。"偏移"则用于控制虚线在路径上的位置偏移。

图2-83

继续单击 ➕,可继续添加虚线样式,多个虚线样式组合起来就可以形成更复杂的虚线效果,如图2-84所示。单击 ➖ 则会删除虚线样式。

图2-84

3. 填充属性

展开"填充1",其中包含控制填充的全部属性。和描边的"颜色"一样,单击█,可以打开"拾色器"对话框,在其中可以为填充选取任意颜色。"不透明度"属性用于控制填充的不透明度。效果演示如图2-85所示。

图2-85

4. 变换属性

形状图层中的每个形状都有一个专属的"变换"属性,这个"变换"属性中的部分属性和图层的基本属性不仅名称相似,作用也大体相同,唯一的区别就是形状图层的专属"变换"属性只对该形状起作用。图2-86所示的①是形状的专属"变换"属性,②为图层的"变换"属性。

图2-86

下面主要介绍与图层"变换"属性不一样的两个属性,分别是"倾斜"和"倾斜轴"。"倾斜"用于控制形状的倾斜程度,数值越大,形状倾斜程度越高。"倾斜轴"则用于控制形状倾斜的角度。效果演示如图2-87所示。

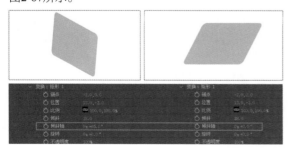

图2-87

2.3.4 为形状图层添加动画

展开形状图层后,单击"内容"右侧的█,就可以看到路径的效果菜单。图2-88所示框出的部分可以用于制作路径动画。

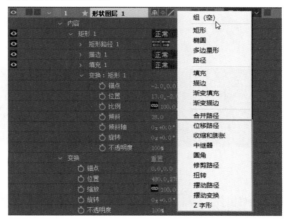

图2-88

1. 位移路径

单击█,在弹出的菜单中为绘制好的六边形添加"位移路径"效果,通过调整"数量"属性的值可以得到扩展和收缩路径的效果,如图2-89所示。

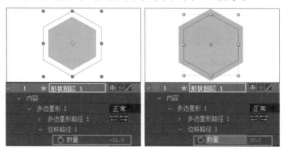

图2-89

2. 收缩和膨胀

单击█,在弹出的菜单中为绘制好的六边形添加"收缩和膨胀"效果,通过调整"数量"属性的值可以得到图2-90所示的效果。

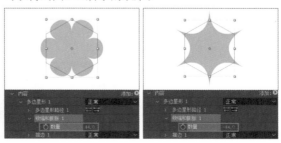

图2-90

3. 中继器

单击 ▶ ，在弹出的菜单中为绘制好的六边形添加"中继器"效果，"副本"属性用于控制当前形状被复制的数量，"偏移"属性用于控制副本的偏移程度。效果演示如图2-91所示。

通过修改中继器的"变换"属性，例如"锚点""位置""比例""起始点不透明度"等，可以对副本进行更加精确的修改，进而制作出更加复杂的效果。参数如图2-92所示。

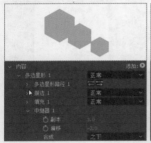
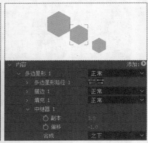

图2-91

图2-92

案例训练：咖啡杯加载动画

工程文件	工程文件>CH02>案例训练：咖啡杯加载动画
学习目标	掌握形状图层的属性
难易程度	★★☆☆☆

下面使用形状图层制作咖啡杯加载动画，最终效果如图2-93所示。

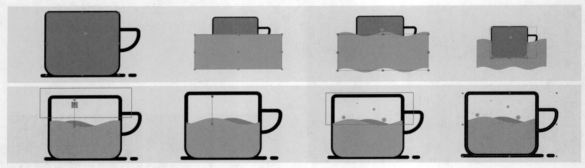

图2-93

01 在"项目"面板空白处右击，执行"导入>文件"菜单命令，选择"玻璃杯子.ai"并确定，在弹出的对话框中设置"导入种类"为"合成"，"素材尺寸"为"图层大小"，如图2-94所示。

02 双击"项目"面板中的"玻璃杯子2"合成，在"时间轴"面板上右击CUP图层，执行"创建>从矢量图层创建形状"菜单命令，如图2-95所示。

☑ 提示 ----------->

因为笔者在制作案例的时候备份了一个副本，所以使用了"玻璃杯子2"合成，读者在实际操作的过程中，以实际的合成为准。

图2-94

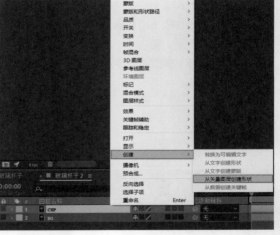

图2-95

03 在"时间轴"面板的空白处右击,在弹出的菜单中执行"新建>调整图层"菜单命令,如图2-96所示。

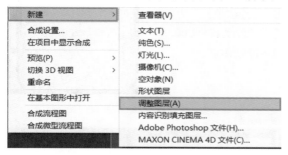

图2-96

04 在"'CUP'轮廓"中找到"组4",选中后按快捷键Ctrl+C进行复制,然后选择"形状图层1",按快捷键Ctrl+V进行粘贴,如图2-97所示。

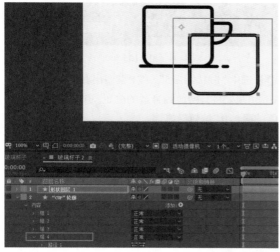

图2-97

05 选中"形状图层1",选择"矩形工具" ▣,在工具栏右侧的形状工具属性中将"形状图层1"的"描边"改为0,如图2-98所示。

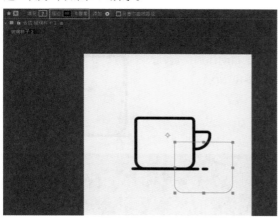

图2-98

06 展开"形状图层1"的"组4",单击"添加"右侧的 ▶,执行"填充"菜单命令,即可为"组4"中的形状添加填充样式,颜色保持默认即可,无须修改。将"形状图层1"的位置调整到和原来的杯子重合。效果演示如图2-99所示。

图2-99

07 使用"矩形工具" ▣ 在画面中绘制一个矩形,设置"描边"为"无","填充"为"纯色",色值为#FF8C00,如图2-100所示。

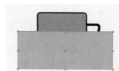

图2-100

08 选中"形状图层2",在"效果和预设"面板中找到"波形变形"效果并双击,将该效果添加到"形状图层2"上。在"效果控件"面板中将"波形变形"的"波形宽度"调整为90,如图2-101所示。

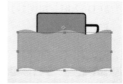

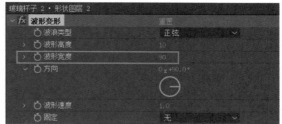

图2-101

09 将"形状图层1"拖曳到"形状图层2"上方,单击"时间轴"面板下方的"切换开关/模式"按钮,显示轨道遮罩,然后设置轨道遮罩为"Alpha遮罩'形状图层2'",如图2-102所示。

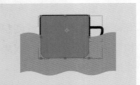

图2-102

10 同时选中"形状图层1""形状图层2",按快捷键Ctrl+D,复制这两个图层。选中复制出来的"形状图层3",将"波形变形"效果的"相位"值修改为73°,如图2-103所示。

图2-103

11 选中"形状图层2",将"填充"的色值修改为#ED670E,如图2-104所示。

图2-104

12 选择"椭圆工具"，按住Shift键并绘制一个圆,设置"填充"为"纯色",色值为#FF8C00,如图2-105所示。

图2-105

13 选中"形状图层5",按P键调出其"位置"属性。在第0帧处将其摆放到合适的位置,并单击"位置"左侧的，给"位置"属性添加关键帧,如图2-106所示。

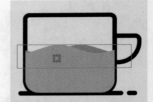

图2-106

14 将时间线移动到第30帧处,将"形状图层5"上移到合适的位置,"位置"属性会自动添加关键帧,如图2-107所示。

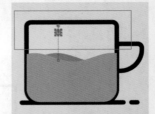

图2-107

15 选中"形状图层5",按S键调出"缩放"属性。在第20帧时单击"缩放"左侧的 ,为"缩放"属性添加关键帧,将时间线移动到第30帧处,设置"缩放"为(0%,0%)。效果及关键帧分布如图2-108所示。

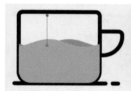

图2-108

16 按快捷键Ctrl+D多次,将"形状图层5"复制3~4个,将它们摆放到不同的位置,并将图层的起始时间错开,如图2-109所示。

图2-109

17 将"'CUP'轮廓"图层移动到"形状图层4"上方,如图2-110所示。咖啡杯加载动画制作完成。

图2-110

2.4 使用图层混合模式加强动画效果

本节主要介绍图层的混合模式,其与Photoshop中的图层混合模式比较类似。

2.4.1 图层的混合模式

与Photoshop类似,After Effects的图层与图层之间也是可以发生颜色上的互动的,例如不同颜色的图层之间可以通过设置混合模式叠加出意想不到的效果。

After Effects中的图层混合模式非常多,如图2-111所示,读者不需要死记硬背,在实际应用时可以多多尝试不同的混合模式,以加深印象。

图2-111

下面以"相加"混合模式为例解释混合模式的原理。

在合成中绘制3个圆，设置"填充"色值分别为#0000FF、FF0000、00FF00，将上面两个图层的混合模式都改为"相加"，就能得到图2-112所示的效果。

图2-112

"相加"模式将不同图层的色值相加得到的结果作为新颜色的色值。这3个圆的"填充"颜色相加之后，色值刚好为#FFFFFF，也就是白色。对于其他混合模式，读者可以以此类推，并进行测试。

2.4.2 图层样式

在After Effects中，除摄像机、空对象等几个特殊的图层外，其他的图层都可以通过右击图层的方式添加图层样式，在弹出的菜单中选择任意一种样式，就可以直接给该图层添加选定的图层样式，如图2-113所示。

图2-113

给图层添加"投影"样式后，可以通过单击图层右侧的▼展开图层样式的属性，如图2-114所示。图层样式的种类虽然比较多，但很多属性是一样的，效果也是一样的。这里以"投影"为例介绍各个属性的作用。

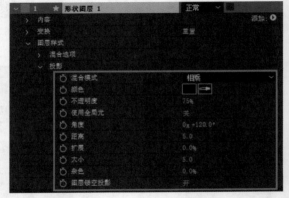

图2-114

"混合模式"用于修改投影的混合模式；"颜色"用于调整投影的颜色；"不透明度"用于调整投影的不透明度；开启"使用全局光"之后，"角度"就会随其他图层样式的变化而变化；"距离"的数值越大，投影距离图层就越远；"扩展"的数值越大，投影越"实"；"大小"用于控制投影的尺寸；"杂色"的数值越大，投影的杂色效果就越明显。

如果在其他的图层样式中看到上面介绍的同名称的属性，效果也是基本一致的。

1. 投影

顾名思义，"投影"用于给合成中的图层添加投影效果。添加这种图层样式之后，图层像素的下方会生成基于该图层像素扩展出来的像素。通过调整"投影"的"角度""颜色"，就可以制作出类似投影的效果，如图2-115所示。

图2-115

2. 内阴影

"内阴影"和"投影"一样,也是基于图层像素生成的一系列像素,只不过它出现在图层内部。如果它的颜色刚好比较深,就可以形成类似内阴影的效果,如图2-116所示。

图2-116

3. 外发光

为图层添加"外发光"样式后,图层的周围一圈会生成边缘虚化的像素,如果此时将像素的颜色调整为接近图层本身的颜色,图层就会产生发光的效果,如图2-117所示。

图2-117

4. 内发光

"内发光"和"外发光"相反,给图层添加该样式之后,边缘虚化的像素会出现在图层像素的内部,看起来就像是图形内部在发光一样,如图2-118所示。

图2-118

5. 斜面和浮雕

使用这种样式之后,图层的一侧边缘内部会产生一些比较亮的像素,另外一侧会产生一些比较暗的像素,使这个图层变得立体,如图2-119所示。用户可以修改这些亮像素和暗像素的"颜色"和混合模式。

图2-119

6. 光泽

"光泽"的作用和"斜面和浮雕"相反,"光泽"用于使图层像素边缘以内的部分产生一些比较暗的像素,就好像图层表面有了一层光泽,如图2-120所示。

图2-120

7. 颜色叠加

使用"颜色叠加"可以直接将图层中有像素的部分都叠加上一层新的颜色。如果混合模式为"正常","不透明度"为100%,原有图层就会被覆盖上一层新的颜色,如图2-121所示。

图2-121

8. 渐变叠加

"渐变叠加"的作用和"颜色叠加"类似,区别是它给图层上有像素的部分覆盖上一层渐变效果,如图2-122所示。

图2-122

9. 描边

使用该样式后,图层的边缘会增加一圈像素,即给图层描边,如图2-123所示。

图2-123

☑ 提示 ---------------------------------- >

以上就是常用图层样式的基本效果,读者可以为每个样式设置不同的参数,从而制作出想要的效果,也可以将不同的图层样式进行组合,以制作出更复杂的效果。

案例训练：制作竖屏电商轮播图

工程文件	工程文件> CH02 > 案例训练：制作竖屏电商轮播图
学习目标	掌握图层属性中轨道遮罩的使用方法
难易程度	★★☆☆☆

下面制作电商详情页中常见的轮播图，最终效果如图2-124所示。

图2-124

01 创建新合成，在"合成设置"对话框中设置"合成名称"为"镜头1"，取消勾选"锁定长宽比为9:16（0.56）"，设置"宽度"为1080px，"高度"为1920px，"持续时间"为10秒（0:00:10:00），单击"确定"按钮，如图2-125所示。

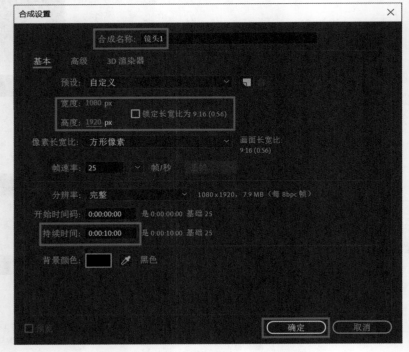

图2-125

02 选择"矩形工具" ■，在"合成"面板中绘制一个矩形，选择形状图层，设置"描边"为"无"，"填充"色值为#9CE6F9，效果如图2-126所示。

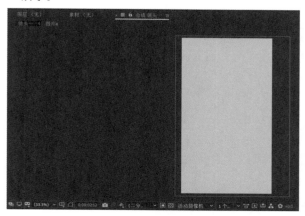

图2-126

03 调整出对称网格的效果，不选择任何图层，选择"钢笔工具" ✐，绘制4个点并将矩形对称切开；接着将下面部分命名为"形状图层2"并选中，取消它的"描边"效果，并修改"填充"的色值为#DDA0C3，效果如图2-127所示。

04 在时间轴面板上选择"形状图层2"，展开"内容>形状1>路径1"。在第15帧的位置单击"路径"前的 ◎；在0s处选择"选取工具" ▶，将"形状图层2"的上面两个点分别框选并向下拖曳到底，效果如图2-128所示。

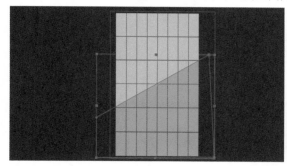

图2-127

图2-128

05 选择"形状图层2"，按U键调出路径关键帧，框选这两个关键帧并右击，执行"关键帧辅助>缓动"菜单命令，如图2-129所示。

图2-129

06 按快捷键Ctrl+N创建新合成，设置"合成名称"为"图片1"，取消勾选"锁定长宽比为9:16（0.56）"，设置"宽度"为1080px，"高度"为1920px，"持续时间"为10秒（0:00:10:00），单击"确定"按钮，如图2-130所示。用同样的方法依次新建"图片2""图片3""图片4"3个合成，如图2-131所示。

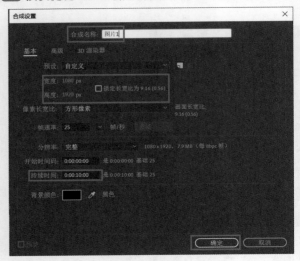

图2-130

图2-131

07 按快捷键Ctrl+I，导入图片素材，如图2-132所示。将图片素材按顺序分别放入"图片1"~"图片4"合成中，单击"图片1"合成，选择"合成"面板上的图片，选择图片的一个角并按住Shift键进行拖曳，以等比例调整图片大小。用同样的方法将"图片2""图片3""图片4"合成中的图片分别调整到合适的大小和位置，参考效果如图2-133所示。

图2-132

图2-133

08 回到"镜头一"合成,将"项目"面板中的"图片1"~"图片4"合成拖曳到"时间轴"面板。选中它们并按S键调出"缩放"属性,将"图片1"~"图片4"合成的"缩放"设置为(66%,66%),如图2-134所示。选中4个合成并按P键调出"位置"属性,设置"图片1"的"位置"为(540,690),"图片2"的"位置"为(1334,960),"图片3"的"位置"为(2101,960),"图片4"的"位置"为(2904,960),效果如图2-135所示。

图2-134

图2-135

09 在"时间轴"面板的空白处右击,执行"新建>空对象"菜单命令,新建一个"空1"图层,将"图片1"~"图片4"图层的"父级和链接"全部链接到"空1"上,如图2-136和图2-137所示。

图2-136

图2-137

10 选择"空1"图层,按P键调出"位置"属性。在1s处单击"位置"前的 ⏱,设置"位置"为(540,960);将时间线向后拖曳到0:00:01:10处,设置"位置"为(-224,960);在0:00:02:00处单击关键帧前的"在当前时间添加或移除关键帧" ◀ ◆ ▶;在0:00:02:10处设置"位置"为(-1011,960);在0:00:03:00处单击"在当前时间添加或移除关键帧" ◀ ◆ ▶,将时间线向后拖曳10帧并设置"位置"为(-1808,960),关键帧分布如图2-138所示。效果如图2-139所示。

11 选中"空1"图层,按S键调出"缩放"属性,在0:00:00:20处单击"缩放"前的 ⏱,在0s处设置"缩放"为(155%,155%),效果如图2-140所示。

图2-138

图2-139

图2-140

拓展实训：制作高考加油快闪动画

工程文件	工程文件> CH02 >拓展实训：制作高考加油快闪动画
学习目标	掌握图层、轨道遮罩的使用方法
难易程度	★★☆☆☆

这里准备了一个拓展实训供读者练习,读者可以根据参考效果进行制作,在制作过程中可以根据自己的需求进行拓展。如果仍然对操作不熟练,可以观看教学视频,了解详细的操作步骤。使用图层和轨道遮罩制作高考加油快闪动画的参考效果如图2-141所示。

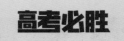

图2-141

第 **3** 章

使用文字制作
动画效果

　　本章主要介绍文字动画的制作方法。学习本章，读者能够掌握文字基础工具的使用方法，以及路径文字动画的制作方法等。此外，为了使读者日后能够高效地应用相关知识点，本章还列举了常用的文字动画制作插件。

本章学习要点

▶ 掌握文字基础工具的使用方法

▶ 掌握路径文字动画的制作方法

▶ 掌握使用"动画"属性制作文字动画的方法

3.1 使用文字工具制作文字动画

本节主要介绍文字工具的操作方法，以及如何对生成的文字进行字体、颜色、字形等的设置。

3.1.1 创建文本图层

在After Effects中创建文本图层的方法主要有3种。

第1种： 单击工具栏中的"横排文字工具"🔳，在"合成"面板中的任意位置单击，After Effects就会自动创建一个文本图层，用户可以在单击的位置看到输入提示，这时候只要输入文字就可以了，如图3-1所示。

第2种： 在"时间轴"面板的空白处右击，在弹出的菜单里执行"新建>文本"菜单命令，如图3-2所示，这时候合成中央就会出现输入提示，直接输入文字即可。

第3种： 使用"横排文字工具"🔳在"合成"面板中的任意位置按住鼠标左键，然后向右下方拖曳出文本框，以创建文本图层。用这种方式创建出来的文本图层会有一个文本框，如图3-3所示，在文本框里输入文字，文字会自动形成段落。

图3-1

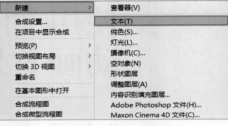
图3-2

图3-3

💡 提示 --

对于已经编辑好的文字，可以通过双击"时间轴"面板中的文本图层来进行修改，也可以使用"横排文字工具"🔳在文本图层上单击，然后进行修改。另外，长按"横排文字工具"🔳，会弹出菜单，其中包含"直排文字工具"🔳，用于创建竖排文字。

3.1.2 "字符"面板

当需要修改文字的各项属性时，就可以用到"字符"面板。如果找不到这个面板，在菜单栏中执行"窗口>字符"菜单命令，如图3-4所示，即可调出"字符"面板。

读者可以在"字符"面板中修改字体、字重、颜色，以及调整字号，如图3-5所示；可以修改文字的行间距和字符间距，效果如图3-6所示。底部的一排按钮主要用于修改文字的样式，例如仿斜体、全部大写字母、上标和下标等，如图3-7所示。

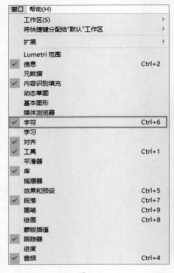
图3-4

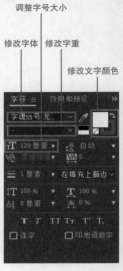
图3-5

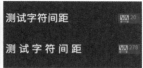

<table>
<tr><td>图3-6</td><td>图3-7</td></tr>
</table>

3.1.3 "段落"面板

如果需要对多个段落文字进行排版，就要用到After Effects的"段落"面板。如果找不到这个面板，在菜单栏中执行"窗口>段落"菜单命令，即可调出"段落"面板，如图3-8所示。

图3-8

"段落"面板中的前3个按钮比较常用，功能分别为左对齐文本、居中对齐文本和右对齐文本，具体效果参考图3-9。

"段落"面板中的后4个按钮用于控制段落最后一行文字的对齐方式，但这几个按钮只对段落文本图层起作用，具体效果如图3-10所示。

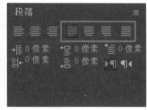

<table>
<tr><td>图3-9</td><td>图3-10</td></tr>
</table>

案例训练：制作弹跳进场的文字效果

工程文件	工程文件>CH03>案例训练：制作弹跳进场的文字效果
学习目标	掌握文字工具的使用方法
难易程度	★★☆☆☆

本例的效果如图3-11所示。

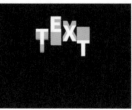

图3-11

01 新建一个合成，设置"宽度"为800px，"高度"为600px，"帧速率"为30帧/秒，"持续时间"为2秒（0:00:02:00），"背景颜色"保持默认的黑色即可，如图3-12所示。

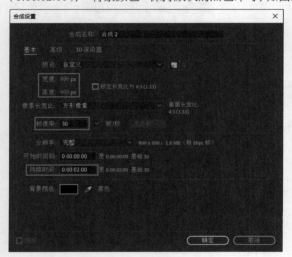

图3-12

02 使用"横排文字工具" T 在合成中央输入文字TEXT，在"字符"面板设置字体为"思源黑体"，字重为Heavy，字号为100像素，如图3-13所示。

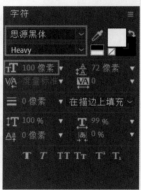

图3-13

03 展开TEXT文本图层，单击"动画"后的 ◘，在弹出的菜单中执行"位置"菜单命令，如图3-14所示。将"动画制作工具 1"中的"范围选择器 1"删除，如图3-15所示。单击"添加"右侧的 ◘，执行"选择器>摆动"菜单命令，给文本图层添加摆动选择器效果，如图3-16所示。

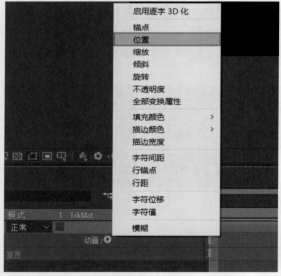

图3-14

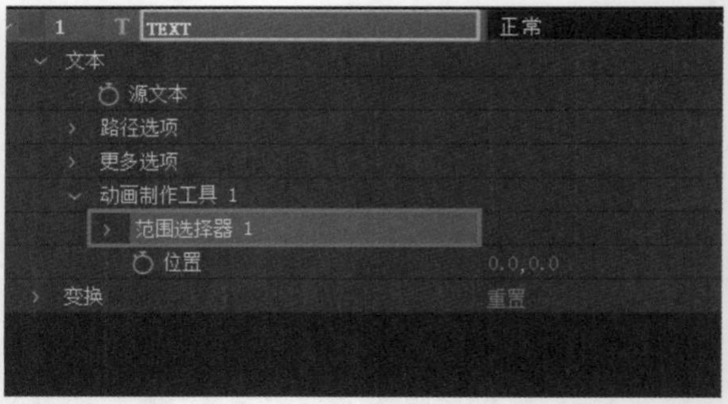

图3-15

图3-16

04 调整"动画制作工具 1"下的"位置"属性，将数值调整为（0，500），如图3-17所示。此时预览效果就会看到文字在垂直方向上随机摆动。

图3-17

05 在0s处展开"摆动选择器 1"，为"最大量"和"最小量"两个属性添加关键帧；将时间线移动到1s处，将"最大量"和"最小量"两个属性的值都改成0%，如图3-18所示。此时预览效果就会看到文字的摆动幅度在逐渐变小。

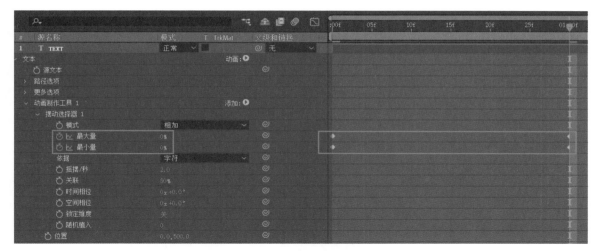

图3-18

06 展开文本图层，单击"动画"右侧的 ■，执行"不透明度"菜单命令，如图3-19所示。展开"动画制作工具 2"属性，将"不透明度"改成0%；将时间线移动到0s处，展开"范围选择器 1"，为"结束"属性添加关键帧，再将时间线移动到第8帧处，将"结束"属性的数值设置为0%；此时预览效果，会看到文字从无到有依次出现。

图3-19

07 在"效果和预设"面板中搜索"残影"，将"残影"效果添加到文本图层上。设置"残影"的"残影时间（秒）"为–0.001，"残影数量"为39，"残影运算符"为"相加"，如图3-20所示。

图3-20

08 在"效果和预设"面板中搜索"填充"，将"填充"效果添加到文本图层上，并将"填充"的"颜色"色值修改为#FFC600，如图3-21所示。

图3-21

09 在"效果和预设"面板中搜索CC Composite，将CC Composite效果添加到文本图层上，此时文字效果的上层文字变成白色，如图3-22所示，文字弹跳进场的效果制作完成。

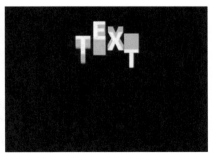

图3-22

3.2 使用"路径选项"制作文字动画

本节主要介绍路径文字动画的制作方法,包括为文字添加路径和制作路径文字动画两部分内容。

3.2.1 为文字添加路径

在After Effects中,不仅可以让文字沿着某指定路径排列,还可以制作文字沿着路径运动的动画。

第1步: 在合成中输入任意文字,如图3-23所示。

第2步: 选中文本图层,使用"钢笔工具"![钢笔]在文本图层上绘制一条路径,如图3-24所示。

第3步: 展开文本图层,依次展开"文本>路径选项",设置"路径"为"蒙版1",也就是刚刚绘制的那条路径,使文字沿刚刚绘制的路径排列,如图3-25和图3-26所示。

图3-23

图3-24

图3-25

图3-26

3.2.2 制作路径文字动画

常见的路径文字动画就是让文字沿着某条路径进行移动。想要实现这样的动画,就要用到"路径选项"中的"首字边距"和"末字边距"两个属性。下面制作文字从画面外进入,再沿着路径运动,并离开画面的动画。

第1步: 调整"首字边距"和"末字边距"属性的数值,将文字移动到画面外,并添加关键帧,效果及"时间轴"面板如图3-27所示。

第2步: 将时间线调整到约2s处,调整"首字边距"属性的数值,将文字移动到下方直至离开画面。此时按Space键预览效果,可以看到文字沿着路径进入画面、离开画面,效果及"时间轴"面板如图3-28所示。

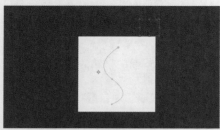

图3-27

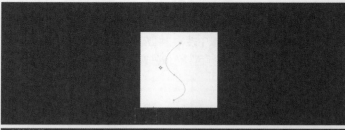

图3-28

此外，还可以制作文字"飞"到某个具体路径上的动画，这里还是以上面制作好的文本图层为例。

第1步：展开文本图层下方的"更多选项"，找到"分组对齐"，并在1s处添加关键帧，效果及"时间轴"面板如图3-29所示。

第2步：将时间线移动到0s处，将"分组对齐"的值调整为（1683%,0%）。此时按Space键预览效果，可以看到文字从画面外"飞"到路径上，如图3-30所示。

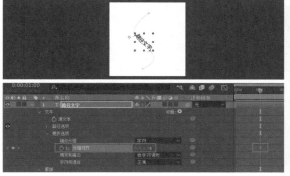

图3-29   图3-30

案例训练：制作光盘行动文字动画

工程文件	工程文件>CH03 > 案例训练：制作光盘行动文字动画
学习目标	掌握路径文字动画的制作方法
难易程度	★★☆☆☆

本例使用文字属性制作路径文字动画，最终效果如图3-31所示。

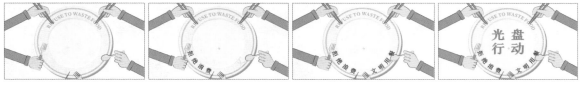

图3-31

01 新建一个项目，按快捷键Ctrl+I，导入"光盘图片.jpg"素材。创建一个新合成，设置"合成名称"为"光盘行动"，"预设"为HD·1920×1080·25fps，"持续时间"为10秒（0:00:10:00），单击"确定"按钮，如图3-32所示。

02 将素材导入合成，选中图层，按S键展开"缩放"属性，调整背景图片的大小，以达到合成无黑边的效果，如图3-33所示。

图3-32   图3-33

03 选择"横排文字工具" T，在"合成"面板中单击并输入"拒绝浪费 文明用餐"，然后对文字进行调整，设置字体为"黑体"，填充颜色为#000000、字体大小为110像素，字符间距为10。效果如图3-34所示。

图3-34

04 选择"椭圆工具" ◯。在合成画面的中央按住鼠标左键，同时按住Ctrl键和Shift键，拖曳鼠标，绘制出一个圆形。展开文本图层的"蒙版"，将"蒙版1"属性改为"无"，再展开文本图层的"路径选项"，设置"路径"为"蒙版1"，如图3-35所示。

图3-35

05 选择蒙版，按快捷键Ctrl+T，选择其中一个顶点，按住Shift键并拖曳顶点，以等比例放大或缩小蒙版，调整好后按Enter键。若文字遮挡了图片中的叉子，可选择文本图层，使用"横排文字工具" T在"文明用餐"前加一个空格符，然后调整位置。效果如图3-36所示。

图3-36

06 展开文本图层，为文本添加动画。为文本添加"位置"动画，设置"位置"为（300，0）。在下方找到"动画制作工具1"，添加"属性>不透明度"，设置"不透明度"为0%。展开"范围选择器1"，在0s的位置激活"起始"的关键帧，设置"起始"为0%；在2s处设置"起始"为100%。关键帧分布如图3-37所示。

图3-37

📝 提示 --

请读者注意，这里展示的是关键帧的分布情况。读者如果想参考参数的设置，可以先根据文字描述设置好对应时间点的参数，然后将时间线调整到和图中一致的位置，看参数是否对应得上，如果对应得上，那参数设置就是没问题的。

07 为文本图层添加动画，单击"动画制作工具1"后的"添加"按钮 ，添加"属性>填充颜色>RGB"，设置填充颜色为#FFAE00；继续添加"属性>缩放"，并设置"缩放"为（200%，200%），如图3-38所示。

图3-38

08 使用"横排文字工具" 输入"光盘行动"，设置字体大小为150像素，行距为200，字符间距为500，文字颜色为#FF0000。选择"光盘行动"图层，执行"效果>透视>投影"菜单命令，然后设置"投影"的"方向"为67°，"距离"为10，"柔和度"为10，如图3-39所示。

图3-39

09 展开"光盘行动"图层,为文本添加"缩放"动画,设置"缩放"为(300%,300%)。在"动画制作工具1"中添加"属性>不透明度",设置"不透明度"为0%。展开"范围选择器1",在2s处激活"起始"的关键帧,并设置"起始"为0%;在3s处设置"起始"为100%;框选所有关键帧,按F9键添加"缓动"。参数设置及效果演示如图3-40所示。

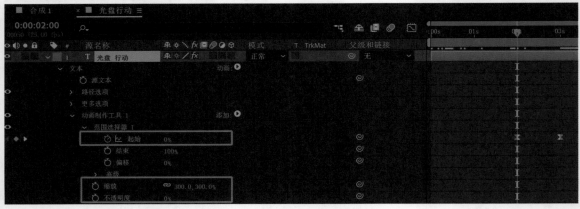

图3-40

3.3 使用"动画"属性制作文字动画

在After Effects中,除了可以使用基本的图层属性来制作文字动画,还可以使用文本的"动画"属性制作文字动画。展开文本图层,可以看到"文本"的右侧有一个"动画"属性,单击"动画"右侧的◎,就可以看到文本的常用动画属性,如图3-41所示。

下面介绍使用"动画"属性制作文字动画的原理,这里以"位置"属性为例。

启用"位置"动画之后,文本图层的属性中会出现"动画制作工具 1",将其展开之后还有一个可以用于添加关键帧的"位置"属性,这个"位置"属性就是刚刚添加的"位置"属性。调整"位置"的数值,可以修改文本图层中每个字的位置,如图3-42所示。

展开"范围选择器1",调整"起始""结束""偏移"属性的值,就可以修改"位置"属性的生效范围。如果添加的是其他属性,例如"缩放""倾斜""旋转""不透明度"等,也可以用同样的方式来制作文字动画。

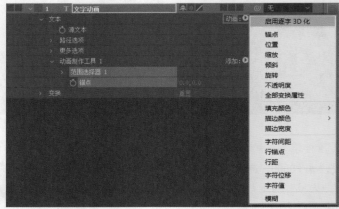

图3-41

图3-42

案例训练：制作预告片的文字效果

工程文件	工程文件>CH03>案例训练：制作预告片的文字效果
学习目标	掌握"动画"属性的运用
难易程度	★★☆☆☆

下面使用文本图层和光效插件Optical Flares制作电影预告片的文字效果，本例最终效果如图3-43所示。

图3-43

01 新建一个合成，设置"宽度"为1920px，"高度"为1080px，"帧速率"为30帧/秒，"持续时间"为5秒，"背景颜色"保持默认的黑色，如图3-44所示。

02 在合成中央输入文字"10月1日"，设置字体为"思源黑体"，字重为Heavy，字体大小为100像素，如图3-45所示。

03 展开文本图层的属性，给文字添加"动画"中的"字符间距"效果，如图3-46所示。

图3-44

图3-45

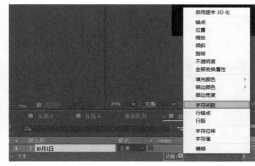

图3-46

04 将时间线移动到0s处，给"字符间距大小"添加关键帧；将时间线移动到2s处，将"字符间距大小"设置为20，如图3-47所示。选中两个关键帧，按F9键，使用"图表编辑器"将关键帧的速度曲线调整为图3-48所示的样式。

05 选中文本图层，在"效果和预设"面板中搜索"梯度渐变"，双击"梯度渐变"，将该效果添加到文本图层上，调整"渐变起点"和"渐变终点"的值，效果如图3-49所示。

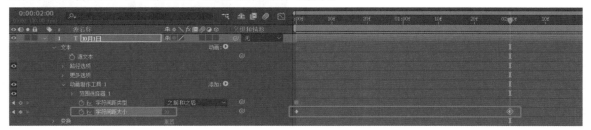

图3-47

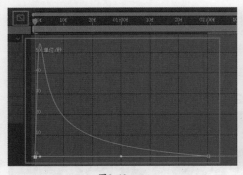

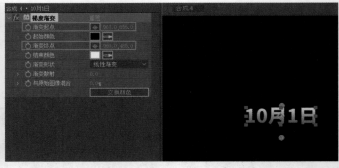

图3-48 图3-49

06 新建一个纯色图层，颜色不限，在"效果和预设"面板中搜索Optical Flares，将该效果添加到纯色图层上。单击效果器的Options，在弹出的窗口中找到Light文件夹，在文件夹中找到Beam预设，如图3-50和图3-51所示。

图3-50 图3-51

07 将Optical Flares的Render Mode属性改为On Transparent，如图3-52所示。调整光的位置，将它移动到字的下方，将纯色图层的"模式"设置为"相加"，如图3-53所示。

图3-52 图3-53

08 将时间线移动到0s处，在Optical Flares的Position XY属性上添加关键帧；将时间线移动到2s处，将光移动到字的左侧，添加关键帧，这样光的位移动画就制作完成了，效果及关键帧分布如图3-54所示。

图3-54

09 将时间线移动到0.5s处，给Optical Flares的Brightness属性添加关键帧；将时间线移动到0s处，将Brightness的值改成0；将时间线移动到1.5s处，给Brightness属性添加关键帧；将时间线移动到2s处，将Brightness的值改成0，这样就完成了光从无到有再消失的动画的制作。关键帧分布情况如图3-55所示。

图3-55

10 用和上一步相同的方式为文本图层的"不透明度"属性添加关键帧，制作文字从无到有再消失的动画，关键帧分布如图3-56所示。

图3-56

3.4 使用图层转换制作文字动画

本节主要介绍文本图层转换为形状图层的相关操作。

3.4.1 将文本图层转换为蒙版图层

在After Effects中，有时候需要制作文字形状的蒙版，具体步骤如下。

第1步： 创建一个文本图层，并输入文字，如图3-57所示。

图3-57

第2步: 右击文本图层,执行"创建>从文字创建蒙版"菜单命令,原来的文本图层上方将出现一个已经添加了蒙版的纯色图层,如图3-58所示。

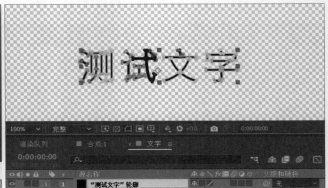

图3-58

3.4.2 将文本图层转换为形状图层

除了可以将文本图层转换成蒙版图层,还可以将它转换成形状图层,具体步骤如下。

第1步: 创建一个文本图层,并输入文字,如图3-59所示。

第2步: 右击文本图层,执行"创建>从文字创建形状"菜单命令,原来的文本图层上方将出现一个添加了文字路径的形状图层,如图3-60所示。

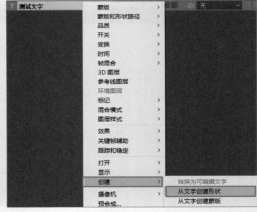

图3-59　　　　　　　　　　　　　　　　　　　　图3-60

案例训练: 制作文字描边效果

工程文件	工程文件>CH03>案例训练: 制作文字描边效果
学习目标	掌握将文本图层转换为形状图层的方法
难易程度	★★★☆☆

本例通过将文本图层转换为形状图层制作文字描边效果,最终效果如图3-61所示。

图3-61

01 创建新合成，设置"合成名称"为"文字描边"，"预设"为HDTV 1080 25，"持续时间"为10秒，单击"确定"按钮，如图3-62所示。

02 选择"横排文字工具"，在"合成"面板中单击并输入EFFECTS，设置字体为"方正粗黑宋简体"，填充颜色为#000000，字体大小为150像素，如图3-63所示。

03 选择文本图层，在"段落"面板中单击"居中对齐文本"按钮，在"对齐"面板中单击"水平对齐"和"垂直对齐"按钮，如图3-64所示。

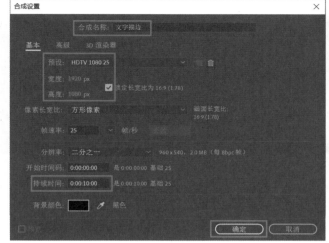

图3-63

图3-62

图3-64

04 复制文本图层，单击"交换填充和描边"按钮，取消填充，激活描边，设置描边宽度为5像素，保持描边颜色为白色，如图3-65所示。

05 选择文本图层并右击，执行"创建>从文字创建形状"菜单命令。展开新图层，添加"修剪路径"效果，如图3-66所示。

06 制作描边效果动画。在2s处激活"修剪路径1"下"结束"的关键帧，设置"结束"为100%；在0s处设置"结束"为0%，如图3-67所示。

07 选择"'EFFECTS'轮廓"图层，在菜单栏中执行"效果>颜色校正>色调"菜单命令。设置"将黑色映射到"为#42A5F9，"将白色映射到"为#69A7F6，效果如图3-68所示。

图3-65

图3-66

图3-67

图3-68

08 选择"'EFFECTS'轮廓"图层，在菜单栏中执行"效果>生成>勾画"菜单命令。设置"片段"为10，"宽度"为1.5；在1s处激活"旋转"的关键帧，在4s处设置"旋转"为（0×+235.2°），并设置"宽度"为1.5，如图3-69和图3-70所示。

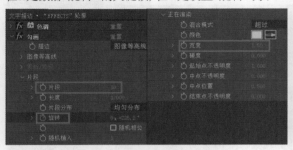

图3-69

图3-70

09 选择"'EFFECTS'轮廓"图层，在菜单栏中执行"效果>风格化>发光"菜单命令。在0s处设置"发光半径"为10并激活关键帧，设置"发光强度"为1并激活关键帧，如图3-71所示。在0:00:00:10处设置"发光半径"为300，"发光强度"为3；在4s处单击"发光半径"和"发光强度"前的 ◀◆▶，添加关键帧，在0:00:04:10处设置"发光半径"为10，"发光强度"为1，效果如图3-72所示。

10 选择"'EFFECTS'轮廓"图层，按快捷键Ctrl+D进行复制，将复制的图层重命名为"EFFECTS实心"，将"EFFECTS实心"图层放置到顶层。选中该图层，在"字符"面板中单击"交换填充和描边"按钮，此时文字为白色状态，如图3-73所示。

图3-71

图3-72

图3-73

11 选择"EFFECTS实心"图层，按T键调出"不透明度"属性。在4s处激活"不透明度"的关键帧，并设置"不透明度"为100%；在0:00:03:15处设置"不透明度"为0。效果如图3-74所示。

12 选择"'EFFECTS'轮廓"图层，在0:00:04:00处激活"不透明度"的关键帧并设置参数为100%；在0:00:04:10处设置"不透明度"为0%，如图3-75所示。效果如图3-76所示。

图3-74

13 按快捷键Ctrl+N新建合成，并将其命名为"最终合成"。回到"项目"面板，将"文字描边"合成拖曳到"时间轴"面板上。选择"文字描边"图层，按S键调出"缩放"属性。在0:00:04:00处激活"缩放"的关键帧并设置参数为（100%，100%），在0:00:00:00处设置"缩放"为（110%，110%），效果如图3-77所示。

图3-75

图3-76

图3-77

14 选择"文字描边"图层,按快捷键Ctrl+D进行复制,将复制的图层重命名为"倒影",并放置到底层。选择"倒影"图层,单击"3D图层"按钮▣,设置"X轴旋转"为180°,"位置"为(960,680,0),"不透明度"为30%,如图3-78所示。效果如图3-79所示。

图3-78

图3-79

15 选择"倒影"图层,在菜单栏中执行"效果>模糊和锐化>快速方框模糊"菜单命令,设置"模糊半径"为8,如图3-80所示。效果如图3-81所示。

16 按快捷键Ctrl+I,导入"OF光效.mov"素材,将素材拖曳到"时间轴"面板中,放置到顶层,修改"OF光效"图层的混合模式为"屏幕"。在0:00:03:00处右击"OF光效"图层,执行"时间>启用时间重映射"菜单命令。在0:00:05:04处添加"时间重映射"关键帧,将最后一个关键帧节点拖曳到最后,将"OF光效"图层的时间线拖曳到最后,效果如图3-82所示。

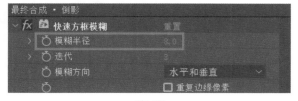

图3-80

图3-81

图3-82

3.5 使用第三方插件制作文字动画

本节介绍3个常用的文字动画制作插件，读者可以根据需求进行学习。

3.5.1 使用 Type Monkey 制作文字动画

Type Monkey是一个专门用于制作文字动画的脚本。只需要按照规范输入准备好的文本，再进行相应的设置，就可以直接制作出文字动画。

第1步： 新建一个合成，设置"宽度"为800px，"高度"为600px，"帧速率"为30帧/秒，"持续时间"为12秒，如图3-83所示。

第2步： 在Type Monkey的文本框里输入文本，如图3-84所示。

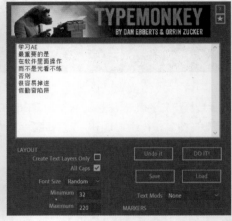

图3-83   图3-84

第3步： 分别设置最大字号和最小字号，使用默认值也可以，具体的参数设置如图3-85所示。

第4步： 设置字体的颜色，默认为白色，如图3-86所示。

图3-85   图3-86

第5步： 单击文本框右下方的 DO IT!，Type Monkey就会开始自动创建文字动画，如图3-87所示。如果想要调整文字出现的时间和位置，直接拖动控制图层上的Mark点即可，如图3-88所示。

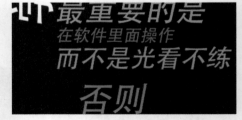

图3-87

图3-88

3.5.2 使用 TextBox 制作文字动画

TextBox用于在文本后面创建可以自定义尺寸、样式的形状，而无须任何表达式，常用于制作MG动画中的标题动画。

第1步： 新建一个合成，设置"宽度"为800px，"高度"为600px，"帧速率"为30帧/秒，"持续时间"为2秒，如图3-89所示。

第2步： 在合成中央输入"AE学习"，任意设置字体，将字号设置为65像素，文字颜色设置为#7A46D3，如图3-90所示。

第3步： 在"效果和预设"面板中找到TextBox 2，将其添加到文本图层上。将"模式"切换为"多边形"，如图3-91所示，并将多边形的"边数"设置为6。

图3-89

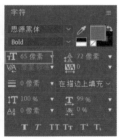

图3-90

图3-91

第4步： 将"倒角"设置为22%，勾选"描边"下的"启用"，打开描边；勾选"单显"，让描边单独显示；将"描边宽度"设置为6，"缩放"设置为31，"颜色"设置为#6CF1BF，如图3-92所示。效果如图3-93所示。

图3-92

图3-93

第5步： 将时间线移动到1s处，把"均匀缩放"的数值调整为47；将时间线移动到0s处，把"均匀缩放"的数值调整为−103，如图3-94所示。

第6步： 单击文本图层的"3D图层"按钮，将时间线移动到1s处，给文本图层的"位置"属性添加关键帧；将时间线移动到0s处，将"位置"属性的z轴数值调整为−939，如图3-95所示。

图3-94

图3-95

第7步： 选中文本图层，按U键显示所有关键帧，全选关键帧，按F9键，进入"图表编辑器"，将曲线调整为图3-96所示的样式。

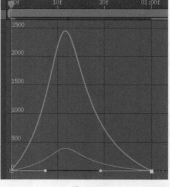

图3-96

3.5.3 使用 Curva Script 制作文字生长动画

标题类的文字经常需要制作生长动画，Curva Script就是专门用于制作生长动画的脚本。

第1步： 新建一个合成，将"宽度"设置为800px，"高度"设置为600px，"帧速率"设置为30帧/秒，"持续时间"设置为2秒，如图3-97所示。

第2步： 在合成中输入文字TEXT，将字号设置为100像素，颜色设置为#7A46D3，参数设置及效果如图3-98所示。

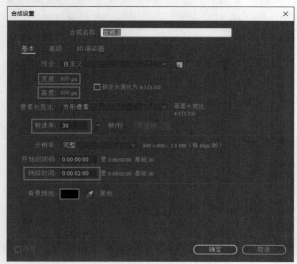

图3-97

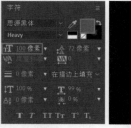

图3-98

第3步： 使用3.4.2小节中介绍的方法将文本图层转换为形状图层，然后选择第1个字母T的路径，如图3-99所示。

第4步： 右击T路径右下角的锚点，执行"蒙版和形状路径>设置第一个顶点"菜单命令，效果如图3-100所示。

图3-99

图3-100

第5步： 单击脚本的ANIMATE! 按钮，在弹出的对话框中单击路径顶部的两个点，将它们设置为动画的终点，如图3-101所示。

第6步： 在Animation type中选择想要的动画曲线，在Duration中设置想要的动画时长，然后单击右下角的 OK ✓ ，即可完成生长动画的制作，如图3-102所示。

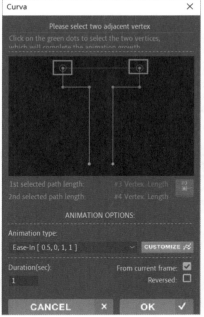

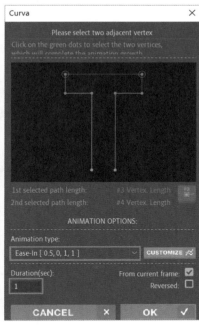

图3-101　　　　　　　　　　　　　　　　图3-102

3.6 拓展实训

拓展实训：制作文字开场动画

工程文件	工程文件>CH03＞拓展实训：制作文字开场动画
学习目标	掌握文字"动画"属性的运用
难易程度	★★☆☆☆

这里主要使用文字的"动画"属性、轨道遮罩制作文字开场动画，最终效果如图3-103所示。

图3-103

拓展实训：制作竖屏图文展示效果

工程文件	工程文件>CH03>拓展实训：制作竖屏图文展示效果
学习目标	掌握文字动画的制作方法
难易程度	★★☆☆☆

这里主要使用形状图层、"动画"属性制作文字动画，最终效果如图3-104所示。

图3-104

第 **4** 章

使用效果和预设 制作动画效果

本章主要介绍After Effects中的"效果和预设"面板及部分效果的使用方法，包括模糊效果、模拟效果、扭曲效果、生成器效果、风格化效果、杂色和颗粒效果、过渡效果。此外，还将介绍如何运用第三方插件制作特效动画。通过对本章的学习，读者基本可以制作出常见的所有特效。

本章学习要点

▶ 掌握效果和预设的使用方法

▶ 掌握After Effects自带效果的使用方法

▶ 掌握第三方插件的使用方法

4.1 效果和预设基础

本节主要介绍效果和预设的基础知识。

4.1.1 添加效果

打开After Effects的"效果和预设"面板，就可以看到After Effects自带的各种效果，以及安装的第三方效果，如图4-1所示。在菜单栏的"效果"菜单中也可以找到这些效果，如图4-2所示。不同的是，在"效果和预设"面板中，可以通过上面的搜索栏直接搜索想要的效果，如图4-3所示。

当需要给某个图层添加某个效果时，只需要选中该图层，然后找到想要的效果，直接双击即可添加效果到选中的图层上。如果没有选中图层，则可以在单击某个效果之后直接将它拖曳到对应的图层上，如图4-4所示。

图4-1

图4-2

图4-3

图4-4

4.1.2 使用效果

当某个图层被添加了效果之后，"效果控件"面板中就会出现这个效果的各项具体参数，如图4-5所示。调整这里的参数可以使图层产生各种变化。同时，在效果名称的左侧也存在⬛️，说明这些效果可以用来添加关键帧，并制作动画。

图4-5

复杂的效果会使After Effects的渲染速度变慢，为了方便预览，或想暂时关闭某些效果再预览，可以单击效果名称左侧的*fx*，如图4-6所示。再次单击即可激活该效果。

图4-6

4.1.3 复制效果

如果只是想在原本的图层上复制效果，可以按快捷键Ctrl+D，如图4-7所示。

如果想要跨图层复制效果，则可以先选中想要复制的效果，按快捷键Ctrl+C，再选中想要粘贴的图层，按快捷键Ctrl+V。

图4-7

4.1.4 重置效果

有的效果涉及的参数较多，在实际工作中很可能会出现调整了很多参数之后，又想重新设置的情况，这时候就可以单击效果名称右侧的"重置"，以重置整个效果，如图4-8所示。

图4-8

4.1.5 使用预设

预设是After Effects中已经制作好的常见、实用的动画效果，读者只需要将其添加到图层上即可使用该效果。展开"效果和预设"面板，单击并展开"动画预设"，就可以看到After Effects提供的各种预设，如图4-9所示。

给图层添加预设的方法和前面介绍的给图层添加效果的方法是一样的，既可以将预设直接拖曳到某个图层上，也可以通过先选中图层再双击预设的方式来添加。如果想要删除预设，则可以直接在"效果控件"面板中选中想要删除的预设，按Delete键，如图4-10所示（灰底表示选中状态）。

图4-9

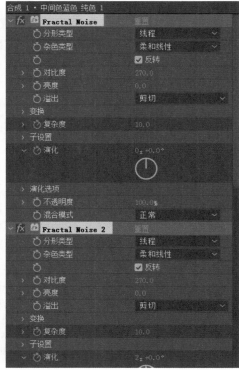

图4-10

4.2 使用模糊效果制作特效动画

本节主要介绍模糊效果的相关参数和使用方法。

4.2.1 高斯模糊

新建一个任意大小的合成，在合成中央绘制一个矩形。选中矩形，在"效果和预设"面板中搜索"高斯模糊"。双击"高斯模糊"效果，将该效果添加到画好的矩形上。在"效果控件"面板中调整"模糊度"的数值，可以控制矩形的模糊程度，如图4-11所示。

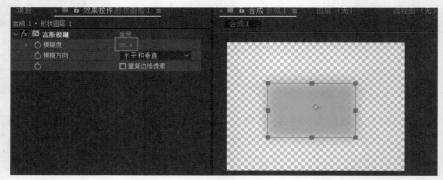

图4-11

可以通过设置"模糊方向"调整模糊的方式。将"模糊方向"改成"水平"后，模糊效果只在水平方向上产生，如图4-12所示；改成"垂直"后，模糊效果只在垂直方向上产生，如图4-13所示。

添加了"高斯模糊"效果的图片如图4-14所示。如果只希望图片本身的画面模糊，边缘保持清晰，那么可以勾选"高斯模糊"效果的"重复边缘像素"选项，效果如图4-15所示。

图4-12　　　　　　　图4-13　　　　　　　图4-14　　　　　　　图4-15

4.2.2 通道模糊

"高斯模糊"用于让图层包含的每个像素都产生模糊效果，而"通道模糊"用于对图层里每个通道的像素单独进行模糊。常见的通道有红色、蓝色、绿色以及Alpha（透明），如图4-16所示。

以图4-17所示的素材为例，分别对其红色、绿色、蓝色通道添加"通道模糊"效果，效果如图4-18～图4-20所示。

图4-16

图4-17　　　　　　　图4-18　　　　　　　图4-19　　　　　　　图4-20

4.2.3 定向模糊

"高斯模糊"不仅可以让整体对象模糊,还可以只在水平或垂直方向上模糊。但用户有时候希望模糊是斜着的,或者是任意角度的,这时候就需要用到"定向模糊"效果器。

在"效果和预设"面板中找到"定向模糊",并将它添加到素材上。"定向模糊"效果器只有两个基本属性,"方向"用来控制模糊的方向,"模糊长度"则用来控制模糊的强度,如图4-21所示。

将"方向"改成45°,"模糊长度"改成80,模糊效果如图4-22所示。

图4-21　　　　图4-22

4.2.4 径向模糊

前面介绍的"定向模糊",本质上是使像素产生线性模糊,像素的偏移主要发生在一条直线上。如果想要制作非线性的模糊效果,就可以使用"径向模糊"效果器。在"效果和预设"面板中找到"径向模糊",并将它添加到素材上,"径向模糊"的具体属性如图4-23所示。

"数量"主要用来控制模糊的程度,"中心"则用来控制模糊的中心点。默认的模糊"类型"是"旋转",效果如图4-24所示。如果将"数量"调整到30,并调整中心点的位置,则可以得到图4-25所示的效果。

如果将"类型"设置为"缩放",可以得到图4-26所示的效果。

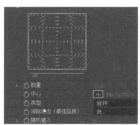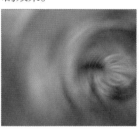

图4-23　　　　图4-24　　　　图4-25　　　　图4-26

案例训练：制作电影质感片头

工程文件	工程文件>CH04>案例训练：制作电影质感片头
学习目标	掌握"快速方框模糊"、遮罩效果、"曲线"命令的使用方法
难易程度	★★☆☆☆

下面通过"快速方框模糊"、遮罩效果,以及"曲线"命令制作电影质感片头,最终效果如图4-27所示。

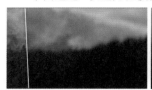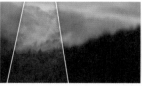

图4-27

01 创建新合成,设置"合成名称"为"电影质感片头","预设"为HDTV 1080 29.97,"持续时间"为0:00:10:00,设置完成后单击"确定"按钮,并按快捷键Ctrl+I导入文件夹中的"云雾森林.mp4",如图4-28和图4-29所示。

图4-28

图4-29

02 将"云雾森林.mp4"素材导入合成。在0s处将"缩放"调整为（230%,230%），"旋转"调整为20°，并激活"旋转"和"缩放"的关键帧；在6s处将"缩放"改为（180%,180%），"旋转"改为0°。效果及关键帧分布情况如图4-30所示。

图4-30

03 选择"云雾森林.mp4"图层，按快捷键Ctrl+Shift+C进行预合成，然后选择"云雾森林.mp4 合成1"图层，按快捷键Ctrl+D复制一层，将复制的图层重命名为"上"，如图4-31所示。

图4-31

04 对"上"图层进行颜色的调整。在菜单栏中执行"效果>颜色校正>曲线"菜单命令，先对整体的颜色进行调整，即将线条向上拖曳，让它亮一些，然后切换到"绿色"通道，将绿色线条向上拖曳，使绿色亮一些。曲线分布及效果如图4-32所示。

图4-32

05 创建一个形状图层。在不选中任何图层的情况下，选择"钢笔工具" ，然后绘制一个梯形，并取消描边，设置"填充"为灰色。图形效果如图4-33所示。

图4-33

06 为形状图层制作路径。在6s处为"路径"激活关键帧，然后在0s处将梯形移动到合适的位置，并调整梯形的形状，效果及参数设置如图4-34所示。

图4-34

07 将调过色的"上"图层的轨道遮罩调出，选择"Alpha遮罩'形状图层1'"，如图4-35所示。

图4-35

08 将"云雾森林.mp4 合成1"的效果改为"快速方框模糊"。在菜单栏中执行"效果>模糊和锐化>快速方框模糊"菜单命令，设置"模糊半径"为6，按S键调出"缩放"属性，取消比例约束，设置"缩放"为（230%,250%）"，如图4-36所示。

图4-36

09 选择"形状图层1"，按快捷键Ctrl+D复制一层，将复制的图层设置为可见状态，并重命名为"边框"，将其设置为"无填充"，激活"描边"并设置为10像素。在菜单栏中执行"效果>透视>投影"菜单命令，设置"不透明度"为80%，"距离"为2，"柔和度"为100，如图4-37所示。

图4-37

10 使用"横排文字工具" **T** 输入"迷雾森林"，设置字体为"方正姚体"，颜色为白色，字体大小为150像素，字符间距为100，并调整文字的位置，如图4-38所示。

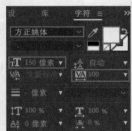

图4-38

11 选择"形状图层1"，按快捷键Ctrl+D复制一层，将得到的"形状图层2"移动到"迷雾森林"图层的上面，设置"迷雾森林"图层的轨道遮罩为"Alpha遮罩'形状图层2'"，如图4-39所示。

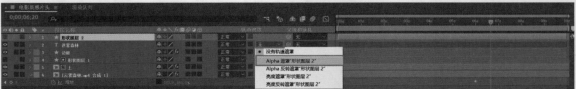

图4-39

4.3 使用模拟效果制作特效动画

本节主要介绍模拟效果的相关参数和使用方法。

4.3.1 CC Bubbles

在创建好的合成中，新建一个纯色图层，然后在"效果和预设"面板中找到CC Bubbles效果器，并将它添加到纯色图层上，如图4-40所示。

这时，可以在"效果控件"面板中看到CC Bubbles的相关属性，如图4-41所示。同时，之前创建的纯色图层上会出现各种气泡，如图4-42所示。

图4-40

图4-41

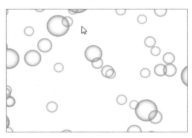

图4-42

下面介绍这个效果器的几个常用属性。

Bubble Amount用来控制气泡的数量。Bubble Speed用来控制气泡往上移动的速度。Wobble Amplitude用来控制气泡的摆动幅度，数值越大，气泡上升过程中的摆动幅度越大。Wobble Frequency用来控制气泡的摆动频率。Bubble Size用来控制气泡的大小。Reflection Type用来控制气泡的材质，Liquid为水材质，Metal则为金属材质。Shading Type用来控制气泡的阴影类型，5种不同的阴影类型对应的效果如图4-43所示。

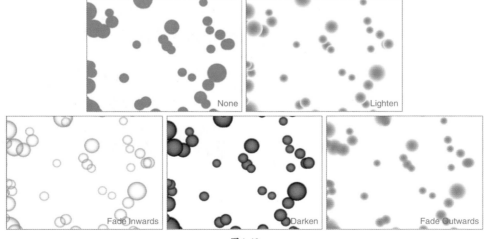

图4-43

4.3.2 CC Pixel Polly

使用CC Pixel Polly（像素多边形）效果器可以快捷方便地制作出破碎效果。选中想要制作破碎效果的图

层，在"效果和预设"面
板中搜索CC Pixel Polly，
双击将其添加到图层上，
其各项属性如图4-44所
示。此时按Space键预览
效果，就会看到图片破碎
并掉落，如图4-45所示。

图4-44   图4-45

Force用来控制图片炸开后的分散程度，数值越大，碎片越分散。Gravity用来控制重力加速度，数值越大，碎片掉落的速度越快。Spinning用来控制碎片的旋转速度，数值越大，每个碎片旋转的速度就越快。Force Center用来控制爆炸中心点的位置。Direction Randomness用来控制每个碎片的方向的随机性，数值越大，每个碎片移动的方向的差别越大。Grid Spacing用来控制碎片的大小，数值越大，碎片越大。Object用来控制碎片的形态，每种碎片形态如图4-46所示。

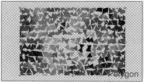

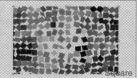

图4-46

Start Time（sec）用来控制爆炸开始的时间。

4.3.3 CC Rainfall

使用After Effects自带的CC Rainfall效果器，可以快速地模拟出下雨的效果。在准备好的素材上方，新建一个颜色为黑色的纯色图层，然后在"效果和预设"面板中搜索CC Rainfall，双击将其添加到刚刚创建的纯色图层上，这时虽然能看到下雨的效果，但是纯色图层下方的素材就看不到了。将纯色图层的混合模式改成

"屏幕"，这样就可以看到
纯色图层下方的素材，如
图4-47所示。

该效果器的属性如图
4-48所示。

图4-47   图4-48

Drops用来控制雨滴的数量，数值越大，雨滴越多。Size用来控制雨滴的大小。Scene Depth用来控制雨的场景深度。Speed用来控制雨滴的下落速度。Wind用来控制风的大小和方向，如果为正值，则风向右吹，如果为负值，则风向左吹。Spread用来控制雨滴的扩散程度。Color用来调整雨滴的颜色。Opacity用来控制雨滴的不透明度。

4.3.4 CC Snowfall

使用After Effects自带的效果器不仅可以制作出下雨的效果,也可以制作出下雪的效果。依然是在准备好的素材上方新建一个颜色为黑色的纯色图层,然后在"效果和预设"面板中搜索CC Snowfall,双击将其添加到刚刚创建的纯色图层上,将纯色图层的混合模式改成"屏幕",就可以看到下雪的效果,如图4-49所示。

该效果器的属性如图4-50所示。

图4-49   图4-50

Flakes用来控制雪花的数量,数值越大,雪花数量就越多。Size用来控制雪花的大小。Variation%(Size)用来控制雪花的随机变化程度。Scene Depth用来控制雪的场景深度。Speed用来控制雪花掉落的速度。Wind用来控制风的大小和方向,如果为正值,则风向右吹,如果为负值,则风向左吹。Variation%(Wind)用来控制风的随机变化程度。Spread用来控制雪花的扩散程度。

4.3.5 CC Star Burst

新建一个纯色图层,将颜色设置为黑色;再新建一个纯色图层,将颜色设置为白色。在"效果和预设"面板中搜索CC Star Burst,将它添加到白色图层上,合成中会出现密密麻麻的白点,如图4-51所示。

在"效果控件"面板中,可以看到CC Star Burst的各项属性,如图4-52所示,下面介绍这个效果器的几个常用属性。

图4-51   图4-52

Scatter用来控制白点分布的疏密程度,数值越大,白点分布得就越稀疏。Speed用来控制白点的运动速度,如果速度为负值,白点会向反方向运动。Phase用来控制动画进行的阶段。Grid Spacing用来控制整体的缩放程度。Size用来控制白点的尺寸。Blend w. Original用来控制白点和原纯色图层颜色的混合程度。

案例训练：制作雪景效果

工程文件	工程文件>CH04 > 案例训练：制作雪景效果
学习目标	掌握摄像机、CC Snowfall的使用方法
难易程度	★ ★ ☆ ☆ ☆

下面使用摄像机、CC Snowfall模拟雪景效果，最终效果如图4-53所示。

图4-53

01 创建新合成，设置"合成名称"为"合成1"，"预设"为HD · 1920×1080 · 25fps，"持续时间"为0:00:10:00，设置完成后单击"确定"按钮，然后按快捷键Ctrl+I，导入素材文件夹中的"雪人.png""篱笆.png ""背景.jpg""背景音乐.mp3""光斑.mov"文件，如图4-54所示。

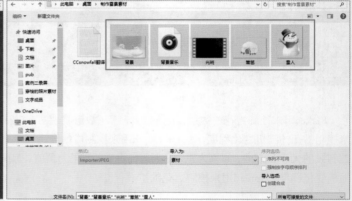

图4-54

02 将"项目"面板中的"雪人.png""篱笆.png""背景.jpg"拖曳到合成中，并调整素材的大小和位置，然后启用所有图层的"3D图层"效果，效果如图4-55所示。

图4-55

📝 **提示** - >

启用"3D图层"效果后的图层多了表达深度的z方向，这让After Effects可以营造出三维空间，有利于用户在镜头推拉、视角旋转、三维空间展现等方面进行创作。

03 确保没有选择任何图层,在菜单栏中执行"图层>新建>摄像机"菜单命令,然后在"摄像机设置"对话框中设置"类型"为"双节点摄像机",预设为"35毫米",创建一个"摄像机1"图层,如图4-56所示。

04 选择"绕光标旋转工具" 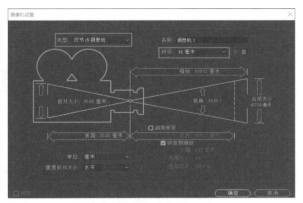 或按快捷键C调整摄像机视角。将预览窗口切换为两个视图,然后分别设置两个视图为"活动摄像机(摄像机1)"和"顶部",即活动摄像机视图和顶视图,以便观察图层的空间位置,如图4-57所示。

图4-56

图4-57

05 调整图层的空间位置。选中"雪人.png""篱笆.png""背景.jpg"图层,按P键调出它们的"位置"属性,然后将"位置"的值设置为图4-58所示的坐标。效果如图4-59所示。

图4-58

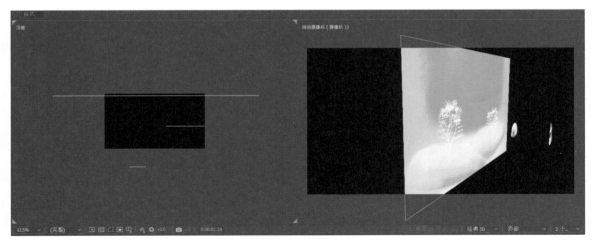

图4-59

06 制作摄像机动画。选中"摄像机1"图层，按P键展开"位置"属性。在0s时激活关键帧，设置"位置"为
（740,550,−900）；在3s时设置"位置"为（790,550,−2020），模拟摄像机拉镜头的画面效果。关键帧分布情况
如图4-60所示。

图4-60

07 创建纯黑色图层。在菜单栏中执行"图层>新建>纯色"菜单命令或按快捷键Ctrl+Y，创建一个"名称"为
"雪花"，"颜色"为黑色的图层，如图4-61所示。创建好后记得
设置图层混合模式为"屏幕"。

08 为"雪花"图层制作下雪效果。选择"雪花"图层，在菜单
栏中执行"效果>模拟>CC Snowfall"菜单命令，为"雪花"图层
添加CC Snowfall（下雪）效果。设置Flakes（数量）为3000，
Size（大小）为15，Variation%（Size）（雪花大小的偏移量）为
100，Wind（风力的大小）为50，Variation%（Wind）为100，
Influence%（背景照明的影响）为10，参数设置及效果如图4-62
所示。

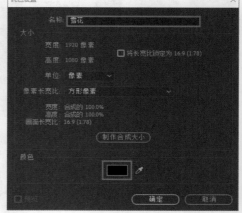

图4-61

图4-62

09 添加文字。选择"横排文字工具" **T**，在"合成"面板中输入"冬天，你好！"。设置字体为"方正舒体"，填充颜色为浅灰色，字体大小为190像素。为文字添加阴影效果，在"效果和预设"面板中搜索"影"，拖曳"尺寸-斜面+阴影"到"冬天，你好！"文本图层上，在"效果控件"面板中设置"柔和度"为30，"距离"为10。具体参数设置和效果如图4-63所示。

图4-63

10 为文字添加动画效果。让"冬天，你好！"图层在3s出现，在"效果和预设"面板中搜索"不透明度闪烁进入"效果，将其拖曳到"冬天，你好！"图层上。接下来拖曳"光斑.mov"素材到"时间轴"面板，并设置图层混合模式为"屏幕"，这里读者可以根据需求拖曳"光斑.mov"图层来调整效果，如图4-64所示。继续拖曳"背景音乐.mp3"素材到"时间轴"面板，如图4-65所示。

图4-64

图4-65

4.4 使用扭曲效果制作特效动画

本节主要介绍扭曲效果的相关参数和使用方法。

4.4.1 贝塞尔曲线变形

当想要让合成里的某个元素发生变形或者实现变形动画时,可以借助"贝塞尔曲线变形"效果器。

选中想要添加效果器的图层,在"效果和预设"面板中搜索"贝塞尔曲线变形"并双击,将其添加到图层上。此时图片的周围多了一圈控制器,在第0帧处单击"效果控件"面板上的每个位置属性左侧的 ,就可以添加关键帧,如图4-66所示。

将时间线移动到第10帧处,调整每个顶点的位置,将图片调整为想要的样子,如图4-67所示,此时按Space键预览动画效果,就会看到图片发生了变形,如图4-68所示。

   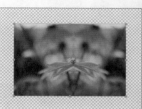

图4-66 图4-67 图4-68

4.4.2 镜像

选中想要制作"镜像"效果的图层,在"效果和预设"面板中搜索"镜像",双击即可将其添加到选中的图层上。此时,直接向图片内部移动"反射中心",就可以看到图片产生镜像效果。通过调整"反射角度"还可以改变镜像发生的角度,如图4-69所示。

图4-69

4.4.3 球面化

"球面化"可以简单理解为将素材包裹球之后产生的效果,这个素材可以是图片也可以是视频。

选中想要制作"球面化"效果的图层,在"效果和预设"面板中搜索"球面化",双击即可将其添加到选中的图层上。通过调整"半径"的大小,可以调整包裹的"球"的大小,如图4-70所示。半径越大,包裹的"球"就越大。还可以通过调整"球面中心"来调整包裹的"球"的位置,如图4-71所示。

图4-70 图4-71

4.4.4 CC Page Turn

如果想要制作翻页效果，可以直接使用After Effects自带的翻页效果器CC Page Turn。选中想要制作翻页效果的图层，在"效果和预设"面板中搜索CC Page Turn，双击即可将该效果添加到图层上。添加完成之后，图片会出现翻页效果，如图4-72所示。CC Page Turn的各项属性如图4-73所示。

Controls主要用来改变控制器的控制方式，除了默认的Classic UI，After Effects还提供了另外4种控制方式，如图4-74所示。这4种控制方式是将控制点分别放在图片的4个角上。

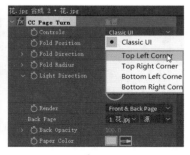

图4-72   图4-73   图4-74

Fold Position用来控制折叠控制点的位置，折叠控制点的位置会直接影响翻页的效果。Fold Radius用来控制折叠的半径。Light Direction用来控制翻页后反射光的角度。Render用来控制想要渲染的对象，默认的Front & Back Page会将翻页和没翻页的部分都渲染出来；如果切换成Back Page则只渲染翻起后的部分；如果切换成Front Page则只渲染没翻起的部分，如图4-75所示。Back Page用来重新定义翻页里的内容。Back Opacity用来控制翻页的不透明度。

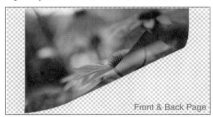

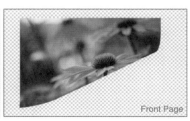

图4-75

4.4.5 湍流置换

如果想让整个素材发生随机的扭曲变换，可以使用"湍流置换"效果器。选中想要制作"湍流置换"效果的图层，在"效果和预设"面板中搜索"湍流置换"，双击即可将该效果添加到图层上。默认状态下的效果不太明显，将"数量"的数值调大，可以使效果更明显，如图4-76所示。

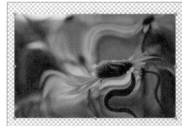

图4-76

"置换"用来修改置换的类型，不同的置换类型产生的效果也不同，可根据需要进行切换。"数量"用来控制置换的强度。"大小"用来控制置换效果的缩放比例。"偏移（湍流）"用来控制置换发生的位置。"复杂度"用来控制置换的细节的丰富程度。"演化"用来改变当前置换的状态。

4.4.6 网格变形

当想要对某个元素做变形调整的时候，可以使用After Effects自带的"网格变形"效果器。选中想要变形的图层，在"效果和预设"面板中搜索"网格变形"，双击即可将该效果添加到图层上，如图4-77所示。

添加完效果之后，除了可以在图片上看到一层网格，看不到任何变形效果。但其实网格上的每个交点都是可以移动的，一旦移动，交点周围的像素就会跟着发生变化，如图4-78所示。如果不想控制得如此精确，可以减少网格点的数量，将"行数"和"列数"的数值改小，再去调整，如图4-79所示。

图4-77　　　　　　　　　　　图4-78　　　　　　　　　　　图4-79

"品质"用来控制变形后画面的细腻程度，数值越高，锯齿越少。"扭曲网格"则是用来给网格的变形效果添加动画的，在某个时间点，调整好变形效果之后，在另外一个时间点再次调整变形效果，预览动画效果，这两个时间点之间就会生成变形动画。

4.4.7 旋转扭曲

当想要让一个元素发生旋转扭曲变形时，可以使用After Effects自带的"旋转扭曲"效果器。选中要进行旋转扭曲变形的图层，在"效果和预设"面板中搜索"旋转扭曲"，双击即可将该效果添加到图层上。添加之后是看不到任何效果的，调整"角度"的数值，图片才会开始发生旋转扭曲变形，如图4-80所示。

"旋转扭曲半径"用来控制变形效果的范围，如图4-81所示。"旋转扭曲中心"则用来控制变形效果的中心，如图4-82所示。

图4-80　　　　　　　　　　　图4-81　　　　　　　　　　　图4-82

4.4.8 波形变形

"波形变形"效果器可以让元素产生波浪一样的效果。选中要进行波形变形的图层，在"效果和预设"面板中搜索"波形变形"，双击即可将该效果添加到图层上，如图4-83所示。"波形变形"的常用属性如图4-84所示。

"波浪类型"用来调整波形的样式，若改成"正方形"，效果如图4-85所示。"波形高度"用来调整波形的高度，调大后的效果如图4-86所示。

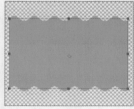  

图4-83　　　　　　图4-84　　　　　　图4-85　　　　　　图4-86

"波形宽度"用来调整波形的宽度，调大后的效果如图4-87所示。"方向"用来调整波形的角度，调整角度后的效果如图4-88所示。

"波形速度"用来改变波形运动的速度，数值越大，波形运动的速度越快。"相位"用来改变当前变换的位置。

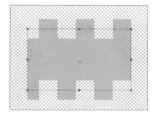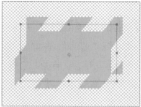

图4-87　　　　　　　　　图4-88

4.4.9 边角定位

如果想自定义图层的形状，可以使用After Effects自带的"边角定位"效果器。选中要进行边角定位的图层，在"效果和预设"面板中搜索"边角定位"，双击即可将该效果添加到图层上。但添加完之后是看不到任何效果的，可以任意调整"边角定位"属性下的4个参数，让图片发生变形，如图4-89所示。

"左上""右上""左下""右下"4个参数分别用于控制图片的4个点，通过控制这4个点就可以把图片调整成任意想要的形状。

图4-89

案例训练：制作旅游宣传片

工程文件	工程文件>CH04>案例训练：制作旅游宣传片
学习目标	掌握CC Page Turn的使用方法
难易程度	★★☆☆☆

下面使用CC Page Turn制作旅游宣传片，最终效果如图4-90所示。

图4-90

4.5 使用生成器效果制作特效动画

本节主要介绍生成器效果的相关参数和使用方法。

4.5.1 圆形

"圆形"效果器用于在普通图层上生成一个圆形。新建一个纯色图层，在"效果和预设"面板中搜索"圆形"，将它添加到纯色图层上。此时就会看到纯色图层变成了一个白色的圆，如图4-91所示。

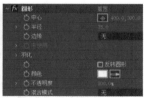

图4-91

"中心"用来控制圆形的位置;"半径"用来控制圆形的大小;"边缘"用来控制圆形的样式,不同的类型所产生的效果如图4-92所示。将"边缘"的类型改成"无""边缘半径"之外的其他类型后,就可以使用"厚度"来调整圆环的粗细。

图4-92

"羽化"用来控制圆的羽化强度,而且它还可以对外侧边缘和内侧边缘进行单独控制,如图4-93所示。

图4-93

"反转圆形"用于交换圆形部分的颜色和背景颜色,如图4-94所示。

"颜色"用来调整圆形的颜色,"不透明度"用来调整圆形的不透明度,"混合模式"用来调整圆形的混合模式。

反转后

图4-94

4.5.2 镜头光晕

"镜头光晕"效果器可以用来快捷地制作光晕效果。选中要制作"镜头光晕"效果的图层,在"效果和预设"面板中搜索"镜头光晕",双击即可将其添加到被选中的图层上,如图4-95所示。

"镜头光晕"的常用属性如图4-96所示。

图4-95　　　　　　　　图4-96

"光晕中心"主要用来控制光晕中心点的位置,如图4-97所示。

"光晕亮度"用来控制光晕的明亮程度,如图4-98所示。

光晕亮度:100%　　　　　光晕亮度:60%

图4-97　　　　　　　　　　图4-98

"镜头类型"用来控制光晕的类型，可以根据需要选择不同的光晕类型，如图4-99所示。

图4-99

"与原始图像混合"用来控制光晕效果和原始图像的混合程度。数值越大，混合程度越高，光晕越不明显，如图4-100所示。

图4-100

4.5.3 CC Light Sweep

当想要在画面上制作出扫光效果时，可以使用After Effects自带的CC Light Sweep效果器。选中想要添加扫光效果的图层，在"效果和预设"面板中搜索CC Light Sweep，双击该效果将它添加到选中的图层上，此时图层中的图像效果如图4-101所示。

CC Light Sweep的常用属性如图4-102所示。

Center即扫光的中心点，改变它的数值可以直接改变扫光中心点的位置。Direction用来控制扫光的角度，不同角度所产生的效果如图4-103和图4-104所示。

图4-101 　　　　图4-102 　　　　图4-103 　　　　图4-104

Shape用来控制扫光的类型，如图4-105所示。

Width用来控制扫光的宽度，如图4-106所示。

Sweep Intensity、Edge Intensity、Edge Thickness主要用来控制光的强度和厚度，如图4-107所示。

图4-105

图4-106 　　　　　　　　　　图4-107

Light Color用来调整光的颜色。Light Reception用来控制光和原图像的混合方式，不同混合方式的效果如图4-108所示。

图4-108

4.5.4 填充

当想让图层的颜色发生变化时，可以使用After Effects自带的"填充"效果器。选中想要添加"填充"效果的图层，在"效果和预设"面板中搜索"填充"，双击该效果将它添加到选中的图层上，此时整个图层的颜色都会发生变化，如图4-109所示。

如果添加"填充"效果的图层没有蒙版，那整个图层都会产生填充效果。"颜色"用来控制填充的颜色，"不透明度"用来控制被填充部分的不透明度。给图层添加多个蒙版之后，就可以在"填充蒙版"中选择想要填充的蒙版，如图4-110所示。当选择某个蒙版之后，填充就只会对选中的这个蒙版起作用，如图4-111所示。

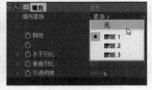

图4-109　　　　　　　　　图4-110　　　　　　　　图4-111

如果勾选"所有蒙版"，则所有的蒙版都会产生填充效果，如图4-112所示。如果此时勾选"反转"，就会得到图4-113所示的效果。

如果添加"填充"效果的图层有蒙版，则可以通过"水平羽化"和"垂直羽化"分别控制被填充的蒙版在水平方向上和垂直方向上的羽化程度，如图4-114所示。

图4-112　　　　　　　　图4-113　　　　　　　　图4-114

4.5.5 网格

当需要在画面中制作网格时，可以使用After Effects自带的"网格"效果器。新建一个纯色图层并选中它，在"效果和预设"面板中搜索"网格"，双击"网格"效果器即可将其直接添加到纯色图层上，如图4-115所示。

"网格"的常用属性如图4-116所示。

"锚点"用来修改网格的位置。

"大小依据"则用来设置控制网格的方式，当选择"边角点"的时候，可以通过改变"边角"的位置改变网格的大小，如图4-117所示；当切换到"宽度滑块"的时候，可以通过直接调整"宽度"的数值改变网格的尺寸，但此时的网格只能是正方形；当切换到"宽度和高度滑块"的时候，可以通过分别调整"宽度"和"高度"两个

属性的值精确控制网格的
尺寸。

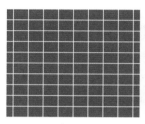

图4-115

图4-116

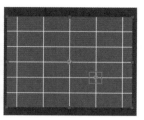

图4-117

"边界"用来控制网格边的粗细，如图4-118所示。"羽化"可以用来控制网格边的羽化程度，其中"宽度"和"高度"分别用来控制水平和垂直方向上的羽化程度，如图4-119所示。

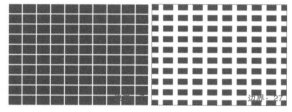

图4-118

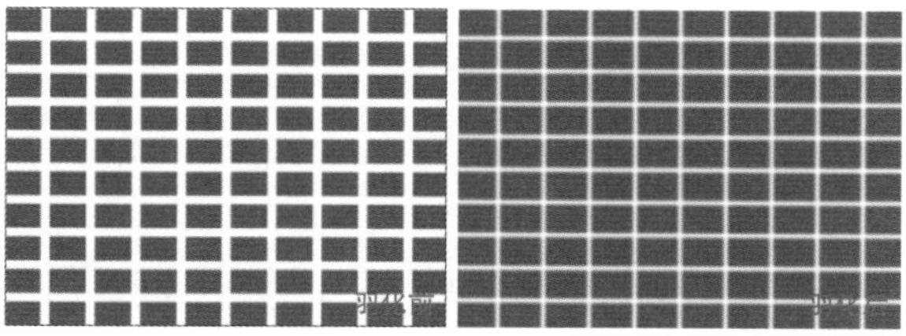

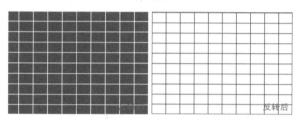

图4-119

"反转网格"用来将网格的内容进行反转，如图4-120所示。

"颜色"用来修改网格的颜色，"不透明度"用来修改网格的不透明度，"混合模式"用来调整网格的混合模式。

图4-120

4.5.6 描边

当需要制作画线动画时，除了可以使用路径的"修剪路径"，也可以使用After Effects自带的效果器"描边"。在合成中新建一个纯色图层，选中该纯色图层，任意绘制两条路径，如图4-121所示。

在"效果和预设"面板中搜索"描边"，双击搜到的"描边"效果，即可将"描边"效果器添加到选中的图层上。"描边"的常用属性如图4-122所示。

"路径"用来设置效果器要作用在哪个蒙版上，单击之后，可以看到当前可供选择的蒙版，如图4-123所示。如果勾选下方的"所有蒙版"，则该效果会对该纯色图层上的所有蒙版都起作用，如图4-124所示。

图4-121

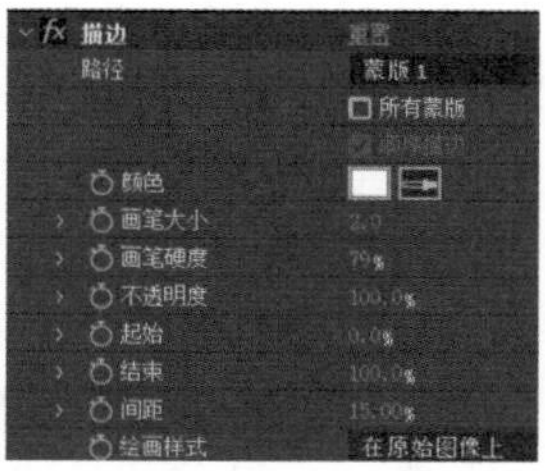

图4-122　图4-123

图4-124

"颜色"用来修改描边的颜色；"画笔大小"则用来修改描边的粗细；"画笔硬度"用来调整描边边缘的柔和程度，如图4-125所示。

"不透明度"用来控制描边的不透明度；"起始"和"结束"分别用来控制描边的修剪程度，效果如图4-126所示。

图4-125　　　　　　　　　　　　　　　　　图4-126

描边实则是很多点的集合，"间距"就是用来控制组成"线"的这些点的间距的，如图4-127所示。

图4-127

"绘画样式"一共有3种，其效果分别如图4-128所示。

图4-128

4.5.7　梯度渐变

当想要在合成中创建渐变时，可以使用After Effects自带的"梯度渐变"效果器。

在合成中新建一个纯色图层，颜色任意，选中该图层，再在"效果和预设"面板中搜索"梯度渐变"，双击该效果器，将"梯度渐变"效果器添加到纯色图层上，如图4-129所示。

"梯度渐变"的常用属性如图4-130所示。

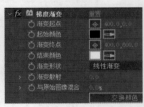

图4-129　　　　　　　　　　图4-130

"起始颜色"用来控制渐变起点的颜色，"结束颜色"用来控制渐变终点的颜色，单击"交换颜色"按钮可以直接交换这两个点的颜色。

"渐变起点"和"渐变终点"分别用来控制"起始颜色"和"结束颜色"的位置，位置的变化会带来渐变效果的变化，如图4-131所示。

"渐变形状"共有两种类型，分别是"线性渐变"和"径向渐变"，它们用来调整渐变的形状，如图4-132所示。

图4-131　　　　　　　　　　　　　　　　图4-132

"渐变散射"用来给渐变添加"杂色",如图4-133所示。

"与原始图像混合"可以简单理解成对这个渐变层的不透明度进行控制,数值越大,就越不透明,如图4-134所示。

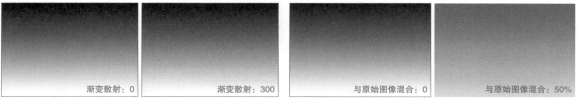

图4-133　　　　　　　　　　　　　　　　图4-134

4.5.8 高级闪电

当想要在合成中制作闪电效果的时候,可以使用**After Effects**自带的"高级闪电"效果器。在合成中新建一个纯色图层,可任意设置颜色,选中该图层后,在"效果和预设"面板中搜索"高级闪电",并双击找到的"高级闪电"效果器,将它添加到纯色图层上,效果如图4-135所示。

"高级闪电"效果器的属性如图4-136所示。

图4-135　　　　　　　图4-136

"闪电类型"主要用来设置闪电的样式,一共有8种样式可选,如图4-137～图4-140所示。

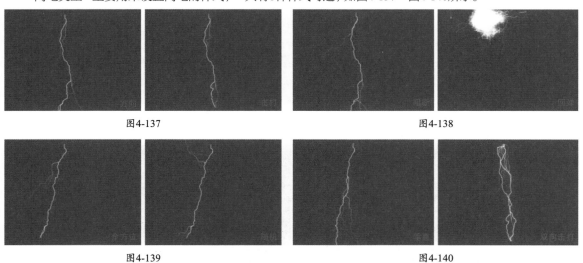

图4-137　　　　　　　　　　　　　　　　图4-138

图4-139　　　　　　　　　　　　　　　　图4-140

"源点"用来控制闪电发生的起点,"方向"用来控制闪电的方向,"传导率状态"用来控制闪电的形态。

"核心设置"中的"核心半径"用来控制闪电核心(中间白色部分)的粗细,如图4-141和图4-142所示;"核心不透明度"用来控制闪电核心的不透明度;"核心颜色"用来控制闪电核心的颜色。

"发光设置"中的"发光半径"用来控制闪电发光的范围,如图4-143和图4-144所示;"发光不透明度"用来控制闪电发光的不透明度;"发光颜色"用来控制闪电发光的颜色。

图4-141

图4-142

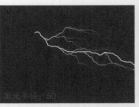
图4-143

图4-144

"Alpha障碍"的数值为正数时，闪电在经过纯色图层的边缘时不受影响；当数值为负数时，闪电在经过图层的边缘（或图层蒙版边缘）时会出现"阻碍"的效果，如图4-145所示。

"湍流"用来控制闪电的形态变化；"分叉"的数值越大，闪电的分叉就越多；"衰减"的数值越大，闪电的分叉随着闪电蔓延长度的增加而逐渐减少的程度越高；勾选"主核心衰减"后，再调整"衰减"的数值时，闪电的核心会受到影响，如图4-146所示。

图4-145

图4-146

勾选"在原始图像上合成"后，闪电就会和原来的图像融合，如图4-147所示。

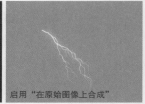
图4-147

案例训练：制作乌云密布的闪电效果

工程文件	工程文件>CH04 > 案例训练：制作乌云密布的闪电效果
学习目标	掌握"高级闪电"的使用方法
难易程度	★★☆☆☆

下面使用"高级闪电"制作乌云密布的闪电效果，如图4-148所示。

图4-148

01 创建新合成，设置"合成名称"为"闪电合成"，"预设"为HDTV 1080 25，"持续时间"为0:00:05:00，设置完成后单击"确定"按钮，如图4-149所示。创建好合成后导入所有素材。

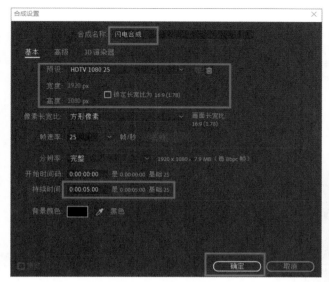

图4-149

02 将"阴雨.jpg"拖曳到"闪电合成"中，按S键调出"缩放"属性，调整图片大小。按P键调出"位置"属性，在0:00:00:00时设置"位置"为（960，500）并激活关键帧，在0:00:05:00时设置"位置"为（960，550）。效果及关键帧分布如图4-150所示。

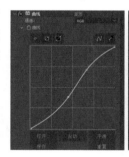

图4-150

03 将"曲线"效果拖曳到"阴雨.jpg"图层上，将高光区曲线向上拖曳以增加亮度，将暗部区曲线向下拖曳以降低亮度，如图4-151所示。

图4-151

04 创建纯黑色图层。在菜单栏中执行"图层>新建>纯色"菜单命令或按快捷键Ctrl+Y创建一个纯色图层，具体参数设置如图4-152所示。

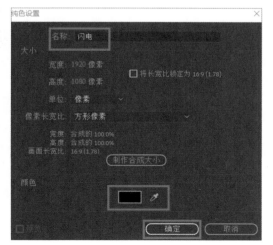

图4-152

05 选中"闪电"图层，添加"高级闪电"效果，设置"源点"为（48，–39.0），"方向"为（968，498），"核心半径"为3，"核心不透明度"为90%，然后在0:00:00:00时设置"传导率状态"为0并激活关键帧，在0:00:05:00时设置"传导率状态"为0.5。"高级闪电"参数设置、效果及关键帧分布情况如图4-153所示。

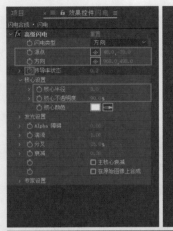

图4-153

06 继续设置"发光半径"为50，"发光不透明度"为60%，"发光颜色"为#8080FB，"分叉"为5%，勾选"主核心衰减"，然后在0:00:00:00时设置"衰减"为2并激活关键帧，在0:00:02:18时设置"衰减"为0.19。"高级闪电"参数设置、效果及关键帧分布情况如图4-154所示。

图4-154

07 选中"闪电"图层并按快捷键Ctrl+D复制一层，然后分别调整"源点""方向""分叉"的数值，保持"衰减"的关键帧不变。具体参数设置及效果如图4-155所示。

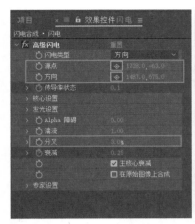

图4-155

08 将"云.mov"拖曳到合成中,并放置在"阴雨.jpg"图层上方,通过调整"缩放"和"位置"属性调整其大小和位置。然后绘制一个椭圆形蒙版,按F键调出"蒙版羽化"并将其设置为(200像素,200像素),如图4-156所示。

图4-156

09 选中"云.mov"图层,按T键调出"不透明度"并将其设置为40%,同时设置"缩放"为(180%,180%),如图4-157所示。

图4-157

📝 提示 -- ⟩

　　至此,闪电效果就制作好了。读者可以将音频拖曳到合成中,并对其进行调整。

4.6　使用风格化效果制作特效动画

本节主要介绍风格化效果的相关参数和使用方法。

4.6.1　阈值

当想要让图像基于自己像素的明度信息转换成黑白画面时，可以使用After Effects自带的"阈值"效果器。选
中要添加"阈值"效果的图层，在"效果和预设"面板
中搜索"阈值"，双击搜到的"阈值"效果器，就可以将
它直接添加到图层上，如图4-158所示。

图4-158

如果一直调高"级别"，那么画面中所有的像素都会变成黑色。反之，如果一直降低"级别"，画面中所有
的像素都会变成白色。

4.6.2　CC Burn Film

当想制作出照片被烧坏的效果时，可以使用After Effects自带的CC Burn Film效果。
选中要制作胶片烧灼效果的图层，在"效果和预设"面板中搜索CC Burn Film，双击该效果，就可以将它直
接添加到选中的图层上。添加该效果后图像不会产生任何变化，只有调大Burn的值，图像才会产生类似被烧坏
的效果，如图4-159所示。

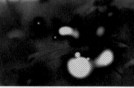

图4-159

Burn用来控制烧灼的程度，数值越大，烧灼效果越明显，直到整个图像消失；Center用来控制烧灼发生的位
置；Random Seed用来控制烧灼形态的随机值，如果对烧灼的形态不满意，可以调整该属性值。

4.6.3　CC Vignette

当想要给画面的四周添加暗角效果时，可以使用After Effects自带的CC Vignette效果。选中要添加暗角
效果的图层，在"效果和预设"面板中搜索CC Vignette，双击该效果，就可以将它直接添加到选中的图层上，如
图4-160所示。
该效果器的常用属性如图4-161所示。

图4-160　　　　　　　　　　　　　　　　　　　　　　图4-161

Amount用来控制暗角的明显程度，数值越大，暗角越明显，数值为0时没有暗角效果；Angle of View的数值越大，暗角的影响范围就越大，如图4-162所示；Pin Highlights用来设置角落的高光，数值为0时角落没有高光，数值越大，角落高光越明显，如图4-163所示。

图4-162　　　　　　　　　　　　　　　　　图4-163

4.6.4 马赛克

当想要在画面上添加"马赛克"效果时，可以直接使用After Effects自带的"马赛克"效果。

选中要添加"马赛克"效果的图层，在"效果和预设"面板中搜索"马赛克"，双击找到的"马赛克"效果器，就可以将其直接添加到选中的图层上，如图4-164所示。

 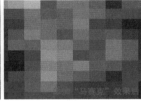 

图4-164

"水平块"用来控制水平方向上马赛克块的数量，"垂直块"用来控制垂直方向上马赛克块的数量。这两个属性的值越大，"马赛克"效果就越不明显，如图4-165所示。

勾选"锐化颜色"可以让图像在添加"马赛克"效果之后边缘更清晰，如图4-166所示。

 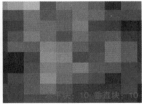  

图4-165　　　　　　　　　　　　　　　　　图4-166

4.6.5 动态拼贴

当想要让合成中的某个图像在画面中无限铺开时，可以使用After Effects自带的"动态拼贴"效果。选中要铺开的图像所在的图层，在"效果和预设"面板中搜索"动态拼贴"，双击找到的"动态拼贴"效果器，即可将它直接添加到选中的图层上，但添加完成之后，图像不会发生任何变化。该效果器的常用属性如图4-167所示。

图4-167

"拼贴宽度"和"拼贴高度"分别用来调整每个拼贴小块的宽度和高度，默认值都为100，如果将这两个属性的值调小，那么图像的尺寸不变，但拼贴小块会缩小，如图4-168所示。

"输出宽度"和"输出高度"用来调整拼贴效果应用的范围，默认值都为100，即输出的拼贴对象的大小就是原图像的大小，如果将这两个属性的值调大，拼贴效果将会扩展，如图4-169所示。

 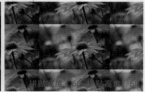

图4-168

图4-169

勾选"镜像边缘"可以让生成的拼贴对象发生水平翻转，如图4-170所示。

"相位"用来控制复制的对象在垂直方向上的偏移，如图4-171所示。

 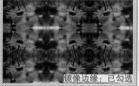

图4-170

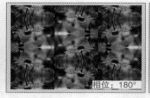 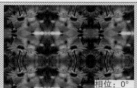

图4-171

勾选"水平位移"后，对象将在水平方向上发生偏移，如图4-172所示。

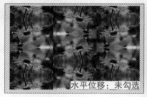 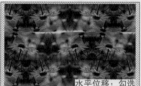

图4-172

4.6.6 发光

当想要给某个图层制作发光效果时，可以使用After Effects自带的"发光"效果器。选中要制作"发光"效果的图层，在"效果和预设"面板中搜索"发光"，双击找到的"发光"效果器，即可将它直接添加到选中的图层上，如图4-173所示。

图4-173

"发光基于"里包含两个选项，一个是"颜色通道"，另一个是"Alpha通道"。前者基于图层中像素的明度实现发光效果；后者则基于图层中有像素的部分实现发光效果，比较接近图层样式中的"内发光"，如图4-174所示。

"发光阈值"用来控制发光效果产生的范围，数值较小时，明度较暗的像素也会产生发光效果，如图4-175所示。当"发光阈值"为0时，整个画面都会有发光效果。注意，本属性只有在"发光基于"选择为"颜色通道"时才会起作用。

图4-174   图4-175

"发光半径"用来控制发光像素周围像素的扩散程度，数值越大，发光效果越明显，如图4-176所示。

"发光强度"用来控制发光像素的明度，数值越大，发光部分像素的明度就越高，如图4-177所示。

图4-176   图4-177

"合成原始项目"用来控制发光效果和原图层的合成方式；"发光操作"用来控制发光效果和原图层的混合模式，通常都会选发亮相关的模式；"发光颜色"用来控制发光的颜色，如果选择"原始颜色"，则发光效果的颜色主要基于发光像素的颜色，如果选择"A和B颜色"，发光的颜色基于"颜色A"和"颜色B"属性。此时就可以通过设置"颜色循环"给发光效果添加循环样式，"色彩相位"用来调整"颜色A"和"颜色B"的偏移。"发光维度"用来控制发光效果在哪个方向上扩散，通常选择默认的"水平和垂直"。

4.6.7 毛边

当想要给某个图像的边缘添加毛边效果时，可以使用After Effects自带的"毛边"效果器。

选中要制作"毛边"效果的图层，在"效果和预设"面板中搜索"毛边"，双击找到的"毛边"效果器，即可将它直接添加到选中的图层上，如图4-178所示。

该效果器的常用属性如图4-179所示。

图4-178   图4-179

"边缘类型"用来调整毛边的类型，某些类型会使边缘呈现新的颜色，可以通过设置"边缘颜色"调整其颜色，如图4-180所示；"边界"用来控制毛边的范围；"边缘锐度"用来控制毛边的锐化程度；"分形影响"用来控制毛边效果的强度，数值为0时毛边效果消失；"比例"用来控制毛边的缩放比例；"偏移（湍流）"用来控制毛边的偏移变化；"复杂度"用来控制毛边的细节丰富程度；"演化"用来控制毛边形态的变化速度。

图4-180

案例训练：制作科技边框效果

工程文件	工程文件>CH04 > 案例训练：制作科技边框效果
学习目标	掌握"钢笔工具""波形变形"效果、"勾画"效果的使用方法
难易程度	★★☆☆☆

下面使用"波形变形""勾画"等效果制作科技边框效果，最终效果如图4-181所示。

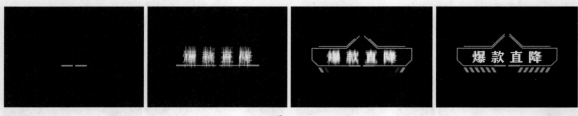

图4-181

01 创建新合成，设置"合成名称"为"科技边框"，"预设"为HDTV 1080 25，"持续时间"为0:00:05:00，设置完成后单击"确定"按钮，如图4-182所示。

02 单击"选择网格和参考线选项"按钮，选择"标题/动作安全"，按快捷键Ctrl+R调出标尺，绘制出中心参考线，如图4-183所示。

图4-182

图4-183

03 使用"钢笔工具"在画面中绘制出图4-184所示的线段。

04 绘制好后，将"形状图层1"重命名为"外边框"，并设置"填充"为"无"，设置描边"颜色"为#12A2F4，"描边宽度"为8像素，取消选择"标题/动作安全"，按快捷键Ctrl+R取消标尺，效果如图4-185所示。

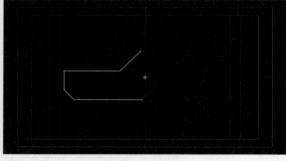

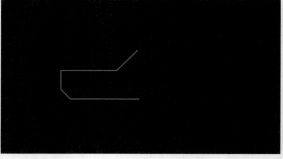

图4-184

图4-185

05 选择"外边框"图层,展开其属性,单击右侧的"添加"按钮🔘,添加"修剪路径"。在0:00:01:00时设置"开始"为0%并激活关键帧,在0:00:00:05时设置"开始"为100%。效果及关键帧的分布情况如图4-186所示。

图4-186

06 选择"外边框"图层并按快捷键Ctrl+D将其复制一层,将复制的图层重命名为"上边框"。设置"上边框"的"位置"为(960,518)。在0:00:00:05时设置"结束"为40%,"开始"为40%,在0:00:01:00时设置"开始"为0%。边框位置和关键帧的分布情况如图4-187所示。

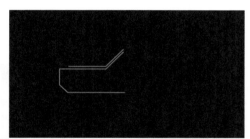

图4-187

07 选择"外边框"图层并按快捷键Ctrl+D将其复制一层,将复制的图层重命名为"短",并修改"短"图层的"描边"为16像素。在0:00:00:00时设置"开始"为100%并激活关键帧,在0:00:00:05时设置"开始"为90%,同时设置"偏移"为0并激活关键帧,在0:00:01:00时设置"偏移"为−1x+0°。效果及关键帧分布情况如图4-188所示。

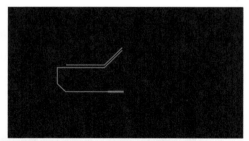

图4-188

08 单击"时间轴"面板的空白处，不选择任何一个图层，绘制一个矩形，将矩形图层重命名为"矩形"，将"矩形"图层的"描边"属性改为"无"，填充"颜色"改为#12A2F4。效果及"时间轴"面板如图4-189所示。

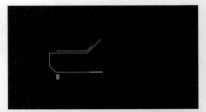

图4-189

09 选择"矩形"图层，设置"倾斜"为−30，取消"约束比例"，设置"比例"为（90%，100%），如图4-190所示。

图4-190

10 选择"矩形"图层，单击右侧的"添加"按钮，添加"中继器"，设置"副本"为6，"位置"为（60，0）。在0:00:01:10时设置"副本"为6并激活关键帧，在0:00:01:00时设置"副本"为0。效果及关键帧的分布情况如图4-191所示。

图4-191

11 新建一个调整图层，为其添加"勾画"效果，在0:00:00:00时设置"片段"为16并激活关键帧，在0:00:02:00时设置"片段"为50。参数设置及效果如图4-192所示。

图4-192

12 为调整图层添加"发光"效果，按快捷键Ctrl+Shift+C进行预合成，并将其重命名为"左边框"。选择"左边框"图层并按快捷键Ctrl+D复制一个图层，然后将复制的图层重命名为"右边框"。选择"右边框"图层并单击"3D图层"按钮，设置"Y轴旋转"为180°。参数设置及效果如图4-193所示。

图4-193

13 按快捷键Ctrl+M进入渲染界面，设置"输出模块"为"无损"。在"输出模块设置"对话框中设置"通道"为RGB+Alpha，单击"确定"按钮。在"渲染队列"中单击"输出到"后的文件名称以选择文件保存的位置，如图4-194所示。

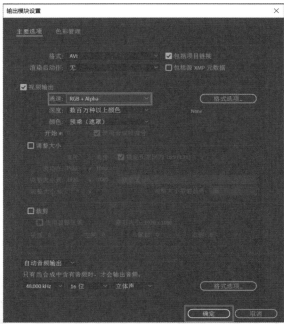

图4-194

14 按快捷键Ctrl+N创建新合成，设置"合成名称"为"文字"，"预设"为HDTV 1080 25，宽度为1920px，高度为1080px，"持续时间"为0:00:05:00，设置完成后单击"确定"按钮，如图4-195所示。

15 选择文字工具，在"合成"面板中单击并输入"爆款直降"，设置字体为"方正粗黑宋简体"，填充颜色为#E8E9FD，字体大小为100像素，调整文字到画面中间。在"段落"面板中单击"居中对齐文本"按钮，在"对齐"面板中单击"水平对齐"和"垂直对齐"按钮，如图4-196所示。

图4-195

图4-196

16 选择"爆款直降"图层，按快捷键Ctrl+D将其复制一层，将复制的图层重命名为"文字背景"并放到底部。单击 👁 隐藏"爆款直降"图层。选择"文字背景"图层，修改文本颜色为#04AFFF，效果如图4-197所示。

图4-197

17 取消隐藏"爆款直降"图层，单击 👁 隐藏"文字背景"图层。为"爆款直降"图层添加"波形变形"效果。设置"波浪类型"为"正弦"，在0:00:00:00时设置"波形高度"为129，"波形宽度"为10，并激活它们的关键帧；在0:00:00:10时设置"波形高度"为-50；在0:00:00:20时设置"波形高度"为30；在0:00:01:00时设置"波形高度"为0，"波形宽度"为1。相关参数设置和效果如图4-198所示。

图4-198

18 取消隐藏"文字背景"图层,选择"文字背景"图层,设置字体大小为145像素,如图4-199所示。

图4-199

19 选择"爆款直降"图层,添加"发光"效果。在0:00:00:20时设置"发光半径"为10并激活关键帧,在0:00:01:00时设置"发光半径"为0。参数设置、效果及关键帧分布如图4-200所示。

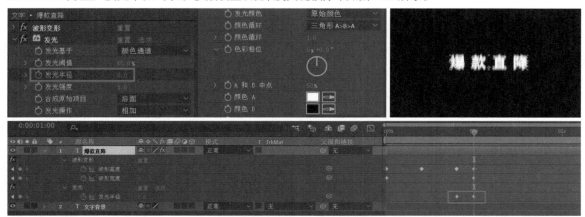

图4-200

20 为"爆款直降"图层添加"高斯模糊"效果。在0:00:01:00时设置"模糊度"为0并激活关键帧,在0:00:00:22时设置"模糊度"为10。参数设置、效果及关键帧分布情况如图4-201所示。

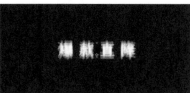

图4-201

21 按快捷键Ctrl+I导入"科技边框.avi"素材,将其放在所有图层的底部,并调整到合适的大小和位置。选中"爆款直降"与"文字背景"图层,将其整体拖曳到0:00:00:06处,如图4-202所示。

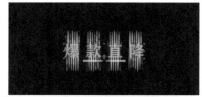

图4-202

4.7 使用杂色和颗粒效果制作特效动画

本节主要介绍杂色和颗粒效果的相关参数和使用方法。

4.7.1 分形杂色

"分形杂色"效果器可以基于一个纯色图层创建出复杂的像素效果,这些像素效果既可以作为一种效果进行展示,如云彩效果,也可以作为其他效果器的"源",以实现更复杂的动画。

想要使用"分形杂色",必须先有一个纯色图层,所以先在合成中创建一个纯色图层,颜色任意设置即可。在"效果和预设"面板中搜索"分形杂色",在确保选中纯色图层的情况下双击它,将它添加到纯色图层上,得到图4-203所示的效果。

"分形类型"用来修改分形的样式,一共有17种,如图4-204所示,除了"基本",还有3个大类。除了一些特殊效果,大多数时候使用"基本"就可以满足设计需求。

"杂色类型"用来修改杂色的样式,一共有4种,如图4-205所示。将分形和杂色的样式搭配组合,可以制作出更多的效果。

图4-203　　　　　　　　　　图4-204　　　　　　　　　　图4-205

"反转"用来将分形杂色的黑白颜色颠倒,如图4-206所示。

"对比度"用来控制分形杂色的颜色对比度,数值越大,黑白对比越强烈,如图4-207所示。

   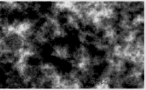

图4-206　　　　　　　　　　　　　　　　图4-207

"亮度"用来控制分形杂色的整体亮度。数值越大,整体越亮;数值越小,整体越暗,如图4-208所示。

"变换"里包含一些常见的变换属性。"旋转"用来控制分形杂色的旋转角度;"缩放"用来控制分形杂色的缩放效果;取消勾选"统一缩放"后,就可以单独控制缩放的宽度和高度,如图4-209所示;"偏移(湍流)"用来控制分形杂色的位置。

图4-208　　　　　　　　　　　　　　　　图4-209

"复杂度"主要用来控制分形杂色的细节，数值越大，细节越多，数值越小，细节越少，最小不能小于1。

"演化"用来让分形杂色发生一些随机变化，如果当前分形杂色的黑白分布没有达到预期，就可以修改这个参数。

"不透明度"用来控制分形杂色在纯色图层上的不透明度，如果"不透明度"为0，则可以直接看到纯色图层的颜色。

"混合模式"用来修改分形杂色和纯色图层的混合模式。

4.7.2 中间值

添加了"中间值"效果器的像素会在画面邻近像素中搜索，自动去除与邻近像素相差过大的像素，再用处于剩余像素中间亮度的像素来填充。利用这个特性，可以用"中间值"效果器去水印。

选中要去水印的图层，在"效果和预设"面板中搜索"中间值"，双击找到的"中间值"效果器，将它添加到选中的图层上。将"中间值"的"半径"调整为10，水印就会融到图里，如图4-210所示。

图4-210

4.7.3 杂色

当想要增强画面的质感时，可以使用After Effects的"杂色"效果器。选中要添加"杂色"效果的图层，在"效果和预设"面板中搜索"杂色"，双击找到的"杂色"效果器，将其添加到选中的图层上。

"杂色数量"用来控制画面中杂色的数量，数值越大，杂色越多，如图4-211所示。

"杂色类型"中有一个"使用杂色"选项，勾选后，原来的杂色效果就会着上红、绿、蓝3种颜色，如图4-212所示。

图4-211   图4-212

4.7.4 添加颗粒

当需要增加画面的颗粒感时，可以用After Effects自带的"添加颗粒"效果器。选中要添加效果的图层，在"效果和预设"面板中搜索"添加颗粒"，双击找到的"添加颗粒"效果器，将其添加到选中的图层上。该效果器的属性如图4-213所示。

图4-213

"查看模式"里有3个选项，分别是"预览""混合遮罩""最终输出"。由于使用该效果器比较占用CPU资源，因此该效果器提供了"预览"模式。使用"预览"模式时，读者可以在画面中的某个区域内预览该效果，这样可以提升调整效果的速度。如果切换到"最终输出"，则整个图像都会有颗粒效果。

"预设"中包含13种预设，不同的预设呈现出来的颗粒效果各不相同，如图4-214所示。

"预览区域"里的各项属性主要用来控制预览区域，如图4-215所示。"中心"用来控制预览区域的位置；"宽度"和"高度"用来控制预览区域的大小；"显示方框"用来控制是否显示预览区域的边框；"方框颜色"用来控制预览区域方框的颜色。

图4-214　　　　　　　　　　　　图4-215

"微调"里的各项属性主要用来控制颗粒的样式。"强度"的值越大，颗粒就越清晰，如图4-216所示。

"大小"用来控制颗粒的尺寸，数值越大，颗粒就越大，如图4-217所示。

图4-216　　　　　　　　　　　　图4-217

"柔和度"用来控制颗粒边缘的羽化程度，如图4-218所示。

"长宽比"用来控制颗粒的长宽比。数值越大，颗粒越宽；数值越小，颗粒越窄，如图4-219所示。

图4-218　　　　　　　　　　　　图4-219

4.7.5　移除颗粒

当需要给画面减少颗粒感时，可以用After Effects自带的"移除颗粒"效果器。

选中要添加效果的图层，在"效果和预设"面板中搜索"移除颗粒"，双击找到的"移除颗粒"效果器，将其添加到选中的图层上。"移除颗粒"的属性如图4-220所示。"移除颗粒"和"添加颗粒"有一部分属性是一样的，对这些属性就不赘述了。

"杂色深度减低设置"里的"杂色深度减低"属性用来减少当前图层的杂色，数值越大，杂色越少，如图4-221所示。

图4-220

图4-221

4.7.6 蒙尘与划痕

当需要给画面制作水彩效果时，可以用After Effects自带的"蒙尘与划痕"效果器。选中要添加效果的图层，在"效果和预设"面板中搜索"蒙尘与划痕"，双击找到的"蒙尘与划痕"效果器，将其添加到选中的图层上，其属性如图4-222所示。

图4-222

"半径"越大，水彩化的效果就越明显，如图4-223所示。

"阈值"越大，水彩化的效果就会越扩散，如图4-224所示。

图4-223

图4-224

4.8 使用过渡效果制作转场动画

本节主要介绍过渡效果的相关参数和使用方法。

4.8.1 CC Jaws

当需要给视频制作转场效果时，"锯齿"效果器就是一个很好的选择。选中要添加"锯齿"效果的图层，在"效果和预设"面板中搜索CC Jaws，双击搜索到的CC Jaws效果器，就可以将它直接添加到选中的图层上，其属性如图4-225所示。

Completion用来控制锯齿效果的完成度，效果如图4-226所示。

图4-225

图4-226

Center用来控制锯齿效果在图像中产生的位置；Direction用来控制锯齿的旋转角度，如图4-227所示。Height和Width分别用来控制锯齿的高和宽，如图4-228所示。

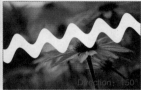

图4-227 　　　　　　　　　　　　　　　　　　　图4-228

Shape用来控制锯齿的形状，CC Jaws效果器提供了4种类型，如图4-229所示。

图4-229

4.8.2　径向擦除

擦除的转场效果在视频中非常常见，想要用After Effects实现擦除效果，可以使用"径向擦除"效果器。选中要添加"径向擦除"效果的图层，在"效果和预设"面板中搜索"径向擦除"，双击"过渡"分类下的"径向擦除"，就可以将它添加到选中的图层上，其属性如图4-230所示。

"过渡完成"主要用来控制径向擦除效果的完成度，数值越大，擦除效果越明显；如果数值是100%，则原来的图像就会完全消失，如图4-231所示。

图4-230 　　　　　　　　　　　　　　　图4-231

"起始角度"用来控制擦除效果的起点，如图4-232所示。

"擦除中心"影响径向擦除的位置，因为径向擦除是围绕一个中心点进行擦除的，如图4-233所示。

图4-232 　　　　　　　　　　　　　　　图4-233

"擦除"中包含3个选项，分别是"顺时针""逆时针""两者兼有"。如果选择"顺时针"，擦除效果展开的方向就是顺时针方向；如果选择"逆时针"，擦除效果展开的方向就是逆时针方向；如果选择"两者兼有"，擦除效果同时向两侧展开，如图4-234所示。

图4-234

"羽化"用来控制擦除效果边缘的羽化程度，数值为0时边缘不羽化，如图4-235所示。

图4-235

4.8.3 块溶解

使用After Effects自带的"块溶解"效果器也可以实现转场过渡的效果。选中要添加"块溶解"效果的图层，在"效果和预设"面板中搜索"块溶解"，双击"过渡"分类下的"块溶解"，就可以将它添加到图层上，其属性如图4-236所示。

图4-236

"过渡完成"主要用来控制画面中"块"的数量，数值越大，"块"越多，数值达到100%时，整个画面都会被"块"填充，如图4-237所示。

"块高度"和"块宽度"主要用来控制画面中"块"的尺寸，数值越大，"块"就越大，如图4-238所示。

图4-237   图4-238

"羽化"主要用来控制"块"的边缘的羽化程度，数值越大，边缘越模糊，如图4-239所示。

"柔化边缘（最佳品质）"用来控制"块"的样式，勾选后，"块"就会变成一个个小方块，如图4-240所示。

图4-239   图4-240

4.8.4 百叶窗

"百叶窗"效果也是一种非常常见的过渡效果。选择要添加"百叶窗"效果的图层，在"效果和预设"面板中搜索"百叶窗"，双击"过渡"分类下的"百叶窗"效果器，就可以将它添加到图层上，其属性如图4-241所示。

图4-241

"过渡完成"主要用来控制百叶窗效果的强度，数值越大，百叶窗的展开程度就越大，如图4-242所示。

"方向"主要用来控制百叶窗效果的角度，如图4-243所示。

  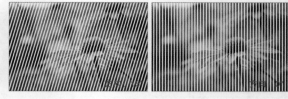

图4-242 图4-243

"宽度"用来控制百叶窗的宽度和间隔，如图4-244所示。

"羽化"用来控制百叶窗边缘的模糊程度，如图4-245所示。

图4-244 图4-245

4.8.5 线性擦除

除"径向擦除"以外，"线性擦除"也是视频中常见的过渡方式。选择要添加"线性擦除"效果的图层，在"效果和预设"面板中搜索"线性擦除"，双击"过渡"分类下的"线性擦除"效果器，就可以将它添加到图层上，其属性如图4-246所示。

图4-246

"过渡完成"用来控制线性擦除效果的完成度，如图4-247所示。

"擦除角度"用来控制擦除效果的角度，如图4-248所示。

图4-247 图4-248

"羽化"用来控制擦除边缘的模糊程度，如图4-249所示。

图4-249

4.9　使用第三方插件制作特效动画

本节主要介绍第三方插件效果的相关参数和使用方法。

4.9.1　使用 Saber 制作光效

Saber作为一个光效制作插件，在众多的光效制作插件里可以说是最易用的——制作效果快，属性却不多。

使用Saber插件，需要先在合成中创建一个纯色图层，颜色任意。在"效果和预设"面板中搜索Saber，双击Saber，就可以将它添加到图层上，如图4-250所示。

"预设"里包含几十种插件调整好的效果，单击"选择"，在弹出的菜单里就可以选择光效样式，如图4-251和图4-252所示。

图4-250

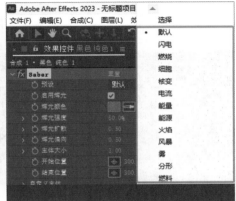

图4-251

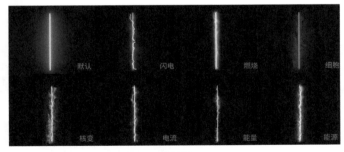

图4-252

勾选"启用辉光"后，光柱才会有发光的效果，不勾选则没有发光效果，如图4-253所示。一般情况下都会勾选。

"辉光强度"用来控制辉光效果的强度，数值越大，辉光效果越明显，如图4-254所示。

图4-253

图4-254

"辉光扩散"用来控制辉光的扩散程度，数值越大，辉光的扩散范围越大，如图4-255所示。

"辉光偏向"用来控制核心部分的发光强度，数值越大，核心部分的发光效果就越明显，如图4-256所示。

图4-255 图4-256

"主体大小"用来控制主体部分的粗细，如图4-257所示。

"开始位置"和"结束位置"分别用来控制光柱起点和终点的位置，一般用这两个属性来调整光柱的位置，如图4-258所示。

图4-257 图4-258

"自定义主体"用来修改光柱的形态，"主体类型"一共包含3种，分别是"默认""遮罩图层""文字图层"。"默认"即一个光柱的形态，下面重点介绍"遮罩图层"和"文字图层"这两个选项。

当把"主体类型"切换到"遮罩图层"时，光柱不会发生任何变化。此时如果在纯色图层上绘制出一个任意形状的遮罩，光柱的形态会跟绘制的遮罩路径贴合，如图4-259所示。

图4-259

当把"主体类型"切换到"文字图层"时，光柱也不会发生任何变化。此时如果在合成中创建一个文本图层，再将"文字图层"后的"无"切换为该文本图层，如图4-260所示，原来的光柱形态变成了文字，如图4-261所示。

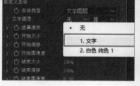

图4-260 图4-261

"开始大小"和"结束大小"分别用来控制主体起点和终点的粗细，数值越小，主体越细，如图4-262所示。

图4-262

"开始偏移"和"结束偏移"分别用来控制主体起点和终点的位置，如图4-263所示。

"开始圆滑度"和"结束圆滑度"分别用来控制主体起点和终点的圆滑程度，如图4-264所示。

图4-263　　　　　　　　　　　　　　　　图4-264

"闪烁"下的"闪烁强度"用来控制主体光效亮度的变化程度，"闪烁速度"的值代表每秒亮度的变化，如图4-265所示。

勾选"遮罩随机"会影响遮罩路径，使主体光效亮度变化更明显。

"渲染设置"下的最后一个选项"合成设置"可以用来设置图层与光效的混合方式，若选择"黑色"，则除主体外，图层的其他部分为黑色；若选择"透明"，则除主体外，图层的其他部分为透明；若选择"叠加"，则整个图层以混合模式"叠加"后的效果显示，如图4-266所示。

图4-265　　　　　　　　　　　　　　　　图4-266

4.9.2 使用 Optical Flares 制作光效

使用Optical Flares插件制作光效，同样需要在合成里先创建一个任意颜色的纯色图层。在"效果和预设"面板中搜索Optical Flares，将找到的效果器拖曳到纯色图层上，就可以看到默认的光效，以及这个插件的相关参数，如图4-267和图4-268所示。

图4-267　　　　　　　　　　　　　　图4-268

Position XY用来控制主体光的位置，Center Position用来控制光中心点的位置。

Brightness用来控制光的亮度，如图4-269所示；Scale用来控制主体光的大小，如图4-270所示。

图4-269　　　　　　　　　　　　　　　　图4-270

Rotation Offset用来控制光的旋转。

Color用来控制光的颜色，可以使用着色器改变光的颜色，如图4-271所示；Color Mode用来控制着色的方式，可以是Tint或Multiply，如图4-272所示。

图4-271　　　　　　　　　　　　　　　　　　图4-272

Animation Evolution用来控制光的变化。

Render Mode用来调整光的渲染方式，一共有3种，分别是On Black、On Transparent和Over Original，如图4-273所示。

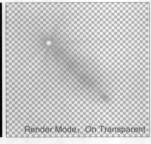

图4-273

4.9.3 使用 Particular 制作粒子效果

Particular粒子效果器是红巨人旗下的一款After Effects第三方粒子效果制作插件。使用这个插件，可以制作出各种各样的效果。这个插件系统本身比较复杂，涉及的属性非常多，想要系统学习并非易事，所以本小节会重点介绍一些常用的粒子属性。

想使用粒子效果器，也需要先在合成中创建一个纯色图层作为载体。创建完成后，在"效果和预设"面板中搜索Particular，将搜到的效果器直接拖曳到纯色图层上即可，此时按Space键预览，可以看到粒子会持续地向外扩散，如图4-274所示。选中图层，在"效果控件"面板中可以看到Particular的各项属性，如图4-275所示。

图4-274　　　　　　　　图4-275

1. Emitter

Emitter主要用来控制发射器的相关属性。这里的"发射器"就是指发射粒子的发射器。控制发射器位置、方向、发射方式等的相关属性，都可以在Emitter下找到。

Emitter Type即发射器类型，共有7种类型，如图4-276所示。前两种类型比较常用。Point即"点"，发射器的形态就是一个点，所有的粒子都会从一个点向外发射，如图4-277所示。Box即"立方体"，发射器的形态就是一个立方体，所有的粒子都会从一个立方体向外发射，如图4-278所示。

图4-276　　　　　　　　图4-277

图4-278

提示

切换到Box之后，Emitter Size和Emitter Size XYZ被激活。Emitter Size里包含两个选项，一个是XYZ Linked，一个是XYZ Individual，如图4-279所示，它们的含义分别是锁定立方体3个方向上的尺寸和单独控制立方体3个方向上的尺寸。切换到XYZ Individual后，Emitter Size XYZ就会拆分为3个属性，如图4-280所示，这样就可以分别控制发射器每个方向上的尺寸。

图4-279

图4-280

Emitter Behavior用来控制发射器的行为，默认包含5种，如图4-281所示，主要介绍前3种。Continuous即持续发射，选择这个行为，粒子会不断地发射；Explode即爆炸式发射，选择这个行为，粒子只会发射一次，后续就不再发射；From Emitter Speed即跟随发射速度发射，只有当发射器移动时，粒子才会持续发射。效果如图4-282所示。

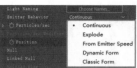

图4-281

图4-282

Particles/sec用来控制发射器每秒发射的粒子数量，数值越大，发射器每秒发射的粒子就越多，如图4-283所示。

图4-283

Direction用来控制发射器发射粒子的方向，包含4种类型，如图4-284所示。Uniform即均匀，粒子会从发射器处均匀地向外发射；Directional即定向，发射器发射粒子时会有明确的方向；Bi-Directional即双向，发射器会从两个相反的方向一起发射粒子；Disc本意是"光盘"，发射器发射粒子时会在一个平面上持续向外扩散发射，如图4-285所示。

图4-284

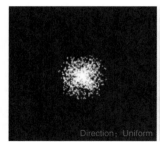

图4-285

X Rotation、Y Rotation、Z Rotation分别用来控制发射器在这3个方向上的旋转角度。把Direction切换到Uniform之外的类型后，Direction Spread就会生效，它主要用来控制粒子的扩散程度，数值越大，扩散越明显，如图4-286所示。

Velocity用来控制粒子发射的初速度，数值越大，粒子的初速度越高。

Velocity Random用来控制粒子速度的随机性，数值越大，粒子速度的随机性越大，如图4-287所示。

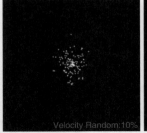

图4-286 　　　　　　　　　　　　　　　　　　　　图4-287

Velocity Distribution用来控制粒子的速度分布。Velocity from Emitter Motion用来控制粒子速度受发射器速度影响的程度，数值越大，粒子的速度越容易被发射器影响。Velocity over Life用来控制粒子速度在整个生命周期中的变化，横轴代表粒子的生命周期，纵轴代表速度。除了可以用图表上方的"钢笔工具" 对图表进行调整，还可以单击左下方的Presets，在弹出来预设面板里选择预设，如图4-288所示。

Random Seed即随机种子，用来控制粒子发射时的状态变化。

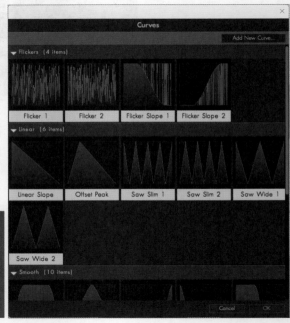

图4-288

2. Partical

Partical下方的参数主要用来控制每个粒子的属性。Life（seconds）用来控制粒子的生命时长，数值越大，粒子存在的时间越长。Life Random用来控制粒子的生命时长的随机性，数值越大，不同粒子的生命时长差异越大。

Particle Type用来控制粒子的类型，插件一共提供了6种类型。Sphere即球体，发射器发射出来的粒子都是球体；Glow Sphere（No DOF）即发光球体，发射器发射出来的粒子都是发光的球体；Star（No DOF）即星星，发射器发射出来的粒子都是发光的星星；Cloudlet即小云朵，发射器发射出来的粒子都呈现小云朵形态；Streaklet直译为"条状痕"，实际看到的粒子效果为几个破碎的粒子组合；Sprite即给粒子使用贴图，如图4-289所示。

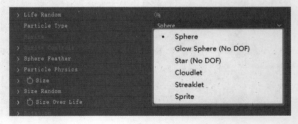

图4-289

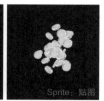

图4-289(续)

Sphere Feather用来控制球体粒子的羽化程度，数值
越大，球体粒子的边缘越模糊，如图4-290所示。

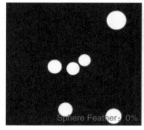

图4-290

Particle Physics下的属性用来控制粒子的各项物理属性。Mass用来控制粒子的质量，数值越大，质量越大，惯
性就越大。Mass Random用来控制粒子的质量随机性，数值越大，粒子的质量随机性就越大。Size Affects Mass即
尺寸对质量的影响，数值越大，粒子的尺寸对质量的影响就越大。Air Resistance即空气阻力，数值越大，粒子受到
的空气阻力就越大。Air Resistance Random即空气阻力随机值，数值越大，粒子受到的空气阻力的随机值范围就
越大。Size Affects Air Resistance即空气阻力与粒子尺寸的相关性，数值越大，空气阻力和粒子尺寸的相关性就越
大。Rotational Air Resistance即旋转空气阻力，数值越大，粒子受到的旋转空气阻力就越大，粒子就越不容易旋转。

Size用来控制粒子的尺寸，数值越大，粒子的尺寸就越大，如图4-291所示。Size Random用来控制粒子大小
的随机性，数值越大，粒子的大小差异越大，如图4-292所示。

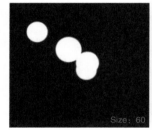

图4-291 图4-292

Size Over Life用来控制粒子在整个生命周期中的大小变化，通过调整曲线的形态，可以随意改变粒子在整
个生命周期中的大小变化，如图4-293所示。

Opacity用来控制粒子的不透明度，数值越小，粒子的透明度越高；Opacity Random用来控制粒子不透明度的随
机性，数值越大，粒子的不透明度的差异范围越大，如图4-294所示。Opacity Over Life用来控制粒子在整个生命周期
中不透明度的变化，通过调整曲线的形态，可以随意改变粒子在整个生命周期中的不透明度变化，如图4-295所示。

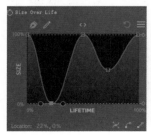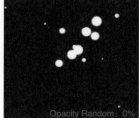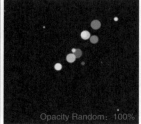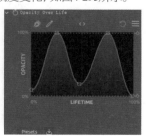

图4-293 图4-294 图4-295

Set Color用来设置粒子的颜色，设置的方式一共有8种，如图4-296所示。At Start即开始时粒子是什么颜色的，那它整个生命周期就会一直保持这种颜色。选择这种方式之后，可以通过设置下方的Color选项改变粒子起始颜色。Color Random用来控制粒子起始颜色的随机性，如图4-297所示。

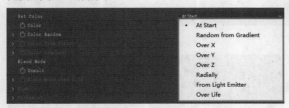

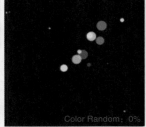

图4-296 图4-297

Blend Mode用来控制粒子之间的混合模式，包含6种混合模式。最后两种跟生命周期有关，前4种混合模式的效果如图4-298所示。

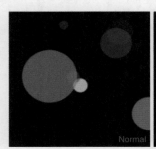

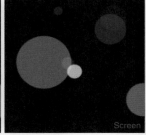
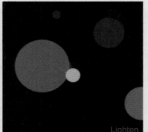

图4-298

3. Environment

Environment即环境，主要通过控制环境的相关参数影响粒子的运动。Gravity即重力，数值越大，粒子受到的重力越大。Wind X用来控制环境中水平方向上的风力，数值为正时，风会把粒子向右吹；数值为负时，风会把粒子向左吹。Wind Y用来控制环境中垂直方向上的风力，数值为正时，风会把粒子向下吹；数值为负时，风会把粒子向上吹。Wind Z用来控制环境中从观察者屏幕向内或向外方向上的风力，数值为正时，风会把粒子向画面内吹；数值为负时，风会把粒子向画面外吹。效果如图4-299所示。

Air Density即空气密度，数值越大，空气阻力对粒子运动的阻碍就越大。Air Turbulence即空气湍流，用来控制空气的湍流程度等。Affect Position即空气湍流对粒子尺寸的影响，数值越大，空气湍流对粒子尺寸的影响就越大。Affect Orientation/Spin即影响方向和旋转，数值越大，空气湍流对粒子旋转和方向的影响越大。Move with Wind即运动受到风的影响，如图4-300所示，数值越大，粒子越容易受到空气湍流的影响。

图4-299 图4-300

4. Physics Simulations

Physics Simulations即物理引擎，用来控制粒子的各种物理变化，如图4-301所示。Bounce用来控制粒子的弹跳效果，Meander用来控制粒子的随意漫步效果，Flocking用来控制粒子的聚集效果，Fluid用来控制粒子的流体效果。

图4-301

5. Displace

Displace即置换，用来控制粒子的置换。Drift即偏移，下方的Drift X、Drift Y、Drift Z分别用来控制粒子在x、y、z这3个方向上的偏移，如图4-302所示。

图4-302

Spin用来控制粒子的旋转。Spin Amplitude即旋转振幅，数值越大，发射出来的粒子的旋转振幅越大。Spin Frequency即旋转频率，数值越大，发射出来的粒子的旋转频率越高。Fade-in Spin（seconds）即旋转的淡入淡出，数值越大，旋转的阻力越大。

4.10 拓展实训

拓展实训：制作文字抖动过渡效果

工程文件	工程文件>CH04>拓展实训：制作文字抖动过渡效果
学习目标	掌握"梯度渐变"效果的使用方法
难易程度	★★☆☆☆

文字抖动的过渡效果如图4-303所示。

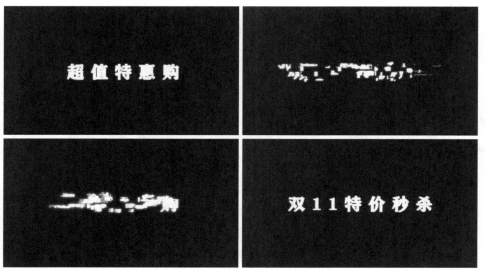

图4-303

拓展实训：制作文字擦除过渡效果

工程文件	工程文件>CH04 > 拓展实训：制作文字擦除过渡效果
学习目标	掌握"分形杂色"效果的使用方法
难易程度	★★☆☆☆

下面使用"分形杂色"效果制作文字擦除过渡效果，最终效果如图4-304所示。

图4-304

拓展实训：制作Logo气泡消散效果

工程文件	工程文件>CH04 > 拓展实训：制作Logo气泡消散效果
学习目标	掌握CC Bubbles、"分形杂色"、轨道遮罩的使用方法
难易程度	★★★☆☆

最终效果如图4-305所示。

图4-305

拓展实训：制作红包弹窗动效

工程文件	工程文件>CH04 > 拓展实训：制作红包弹窗动效
学习目标	掌握3D图层、轨道遮罩、Real Glow、Particular的使用方法
难易程度	★★★☆☆

最终效果如图4-306所示。

图4-306

第 **5** 章

使用蒙版制作蒙版动画

　　本章主要介绍使用蒙版制作蒙版动画的方法，包括蒙版的基本概念和原理，以及如何使用蒙版来创建动画效果。使用蒙版可以将一部分图像遮挡或显示，从而创建出各种动画效果。另外，在蒙版上绘制不同的形状和路径，可以实现图像的逐帧变化，从而实现动画效果。

本章学习要点

▶ 掌握蒙版的创建方法

▶ 掌握"蒙版路径"的使用方法

▶ 掌握蒙版动画的制作方法

5.1　蒙版基础

本节主要介绍蒙版的创建和基本操作。

5.1.1　认识蒙版

After Effects中的蒙版功能和Photoshop中的蒙版功能类似，都可以起到保留局部图层的作用，或者说"抠图"的作用。当只需要保留画面某一部分时，就可以使用蒙版功能。在After Effects中创建蒙版的方式有两种，一种是使用常用的形状工具，另一种是使用"钢笔工具" 。除了摄像机图层、灯光图层这种没有实质像素的图层，在其他的图层上都可以创建蒙版。

5.1.2　在一般图层上创建蒙版

选中要创建蒙版的图层，将当前工具切换到"钢笔工具" （或者其他形状工具），在画面中绘制出想要的形状，一个蒙版就创建完成了，如图5-1所示。此时展开图层的属性，就可以看到图层多了一个"蒙版 1"属性，如图5-2所示。

图5-1　　　　　　　　　　　　　　图5-2

如果保持选中该图层，继续用"钢笔工具" 在画面中绘制形状，就会在这个图层上创建第2个蒙版，如图5-3所示。展开图层的属性，就会看到图层多了一个"蒙版 2"属性，如图5-4所示。

勾选蒙版属性右侧的"反转"选项，可以将蒙版反转，如图5-5所示。

图5-3　　　　　　　　　　图5-4　　　　　　　　　　图5-5

5.1.3　在形状图层上创建蒙版

如果想要在一个形状图层上创建蒙版，则需要将当前工具切换到"钢笔工具" （或其他形状工具），并将工具栏右侧的"工具创建形状" 切换成"工具创建蒙版" ，效果如图5-6所示。

图5-6

5.1.4　蒙版的动画属性

想要给蒙版制作动画，就要了解蒙版的几个动画属性，如图5-7所示。

"蒙版路径"主要用来给蒙版的路径添加关键帧，原理和形状的路径一样。当想要给图层的蒙版路径制作动画时，就可以使用这个属性。"蒙版羽化"主要用来控制蒙版边缘的羽化程度，如图5-8所示。

图5-7

图5-8

"蒙版不透明度"主要用来控制蒙版区域的不透明度,如图5-9所示。

"蒙版扩展"用来将蒙版现有的边缘向外或者向内扩展,如图5-10所示。

图5-9

图5-10

5.2 使用蒙版模式制作蒙版动画

本节主要介绍使用蒙版模式制作蒙版动画的方法。

5.2.1 蒙版模式

当一个图层中有多个蒙版时,蒙版就可以像形状一样进行布尔运算。蒙版的运算通过蒙版的模式实现。蒙版的模式一共有7种,如图5-11所示。

当切换到"无"时,对应的蒙版就不再起作用。

当切换到"相加"时,如果图层里有两个蒙版,则两个蒙版会同时出现,如图5-12所示。

当切换到"相减"时,该蒙版就会变成反向的状态,如图5-13所示。

当切换到"交集"时,如果图层里有两个蒙版,则画面显示两个蒙版重合的部分,如图5-14所示。

图5-11

图5-12

图5-13

图5-14

5.2.2 快速创建蒙版

选中想要创建蒙版的图层,双击形状工具就可以在图层上直接创建一个对应形状的蒙版,如图5-15所示。

图5-15

案例训练：制作美食竖屏海报效果

工程文件	工程文件>CH05 > 案例训练：制作美食竖屏海报效果
学习目标	掌握蒙版路径的制作方法及关键帧运动调节
难易程度	★★☆☆☆

本例的最终效果如图5-16所示。

图5-16

01 导入素材，创建新合成，设置"合成名称"为"竖屏"，"预设"为"自定义"，"宽度"为1080px，"高度"为1920px，"持续时间"为0:00:10:00，设置完成后单击"确定"按钮，如图5-17所示。创建好合成后按快捷键Ctrl+Y创建一个白色的纯色图层，如图5-18所示。

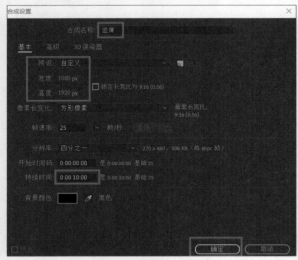

图5-17

图5-18

02 绘制一个矩形，设置"填充"颜色为#FF0000，然后取消"描边"，让矩形在画面中居中对齐，操作过程及效果如图5-19所示。

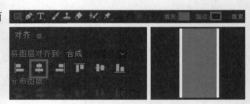

图5-19

03 制作矩形出场动画。选择"形状图层1",取消
"比例"的比例约束,然后在0:00:01:00时设置"比例"
为(100%,100%)并激活关键帧,在0:00:00:00时设
置"比例"为(100%,0%),并将所有关键帧选中,按
F9键为其添加"缓动"。效果及关键帧分布情况如
图5-20所示。

图5-20

04 按快捷键Ctrl+N创建新合成,设置"合成名称"为"产品1","预设"为"自定义","宽度"为1080px,"高
度"为1920px,"持续时间"为0:00:10:00,设置完成后单击"确定"按钮,如图5-21所示。

05 将"美食1.jpg"拖曳到"产品1"合成中,调整图片的大小和位置,如图5-22所示。

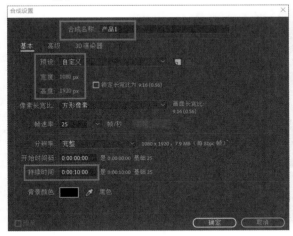

图5-21

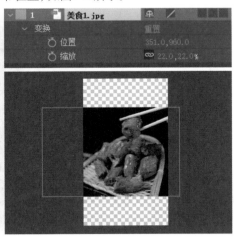

图5-22

06 选中"美食1.jpg"图层,在0:00:02:00时设置"缩放"为(22%,22%)并激活关键帧,在0:00:00:00时设置
"缩放"为(25%,25%),在0:00:04:13时设置"缩放"为(24%,24%)。关键帧分布情况如图5-23所示。

图5-23

07 将"产品1"合成拖曳到"竖屏"合成中,选中"产品1",绘制一个矩形蒙版,如图5-24所示。在0:00:01:15时为"蒙版路径"设置关键帧,在0:00:00:10时选择"选取工具" ,选中蒙版的点,点为实心即为选中,然后制作上下移动动画。关键帧分布情况及效果如图5-25所示。

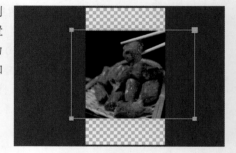

图5-24

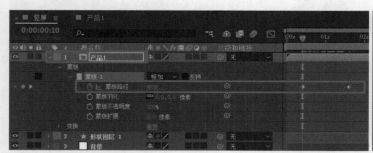

图5-25

08 选中"产品1",在0:00:00:10时设置"不透明度"为100%并激活关键帧,在0:00:00:07时设置"不透明度"为0%。关键帧分布如图5-26所示。

图5-26

09 在"项目"面板中选择"产品1"并按快捷键Ctrl+D进行复制,将新复制的合成重命名为"产品2",双击"产品2"合成,导入图片素材"美食2.jpg",如图5-27所示。

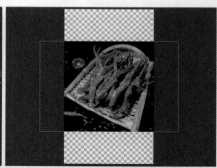

图5-27

10 选中"美食2.jpg",调整图片大小和位置,如图5-28所示。

图5-28

⑪ 选中"美食2.jpg",在0:00:02:00时设置"缩放"为(21%,21%)并激活关键帧,在0:00:00:00时设置"缩放"为(23%,23%),在0:00:04:12时设置"缩放"为(22%,22%)。效果及关键帧分布情况如图5-29所示。

图5-29

⑫ 将"产品2"合成拖曳到"竖屏"合成中,将"产品2"放在0:00:04:00处,选中"产品2",使用"矩形工具" ■ 绘制一个矩形蒙版。在0:00:05:15时激活"蒙版路径"的关键帧,在0:00:04:00时调整蒙版,以制作上下移动动画。效果及关键帧分布如图5-30所示。

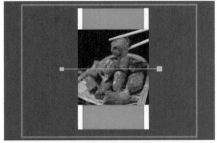

图5-30

⑬ 选择文字工具,在"合成"面板中单击并输入"麻辣诱惑",设置字体为"方正粗黑宋简体",填充颜色为白色,文字大小为138像素,字符间距为112,并设定为居中对齐,如图5-31所示。

⑭ 选中文本图层,在"对齐"面板中单击"水平对齐"按钮,再为文本图层添加"多雾"预设,如图5-32所示。

图5-31

图5-32

5.3 使用"蒙版羽化"制作蒙版动画

展开任意一个绘制好的蒙版，在蒙版的属性里可以看到"蒙版羽化"这个属性，如图5-33所示。调大"蒙版羽化"的值，可以看到蒙版的边缘发生了羽化，如图5-34所示。

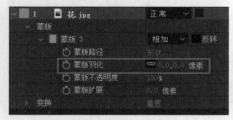

图5-33　　　　　　　　　　　　　图5-34

5.4 使用通道遮罩功能制作蒙版动画

本节主要介绍使用通道遮罩功能制作蒙版动画的方法。

5.4.1 Alpha 遮罩

除了可以用形状工具和"钢笔工具"■直接给图层添加蒙版，还可以使用轨道遮罩的方式给图层创建蒙版。确保未选中想要创建蒙版的图层，在合成中绘制任意一个形状，单击需要创建蒙版的图层的轨道遮罩选项，将其切换到"Alpha遮罩'形状图层1'"，如图5-35所示。

图5-35

这样原图层将只保留与形状图层重叠部分的内容，如果切换到"Alpha反转遮罩'形状图层1'"，原图层和形状图层重叠的部分将会显示空白，如图5-36所示。

图5-36

5.4.2 亮度遮罩

亮度遮罩基于遮罩图层上的明度信息来控制被遮罩图层对应位置像素的不透明度。依然不要选中被遮罩图层，在合成中绘制一个黑白渐变的形状，单击需要制作遮罩的图层的轨道遮罩选项，将其切换到"亮度遮罩'形状图层1'"，如图5-37所示。

图5-37

这样原图层就会根据形状图层的明度信息改变自己图层像素的不透明度，如果切换到"亮度反转遮罩'形状图层1'"，则原图层就会根据形状图层的明度信息反向控制自己图层像素的不透明度，如图5-38所示。

图5-38

5.4.3 保持透明度

如果想要快速裁剪画面，可以使用"保持透明度"功能。使用形状工具在合成中绘制一个任意形状，然后将形状图层移动到想要裁剪的图层的下方，再单击"保持透明度"按钮，如图5-39所示，可以看到图层与形状图层重合的部分被保留，如图5-40所示。

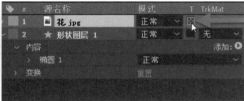

图5-39 　　　　　　　　　　　　　　　　图5-40

案例训练： 制作水墨晕染转场效果

工程文件	工程文件>CH05 > 案例训练：制作水墨晕染转场效果
学习目标	掌握轨道遮罩的使用方法
难易程度	★★☆☆☆

下面使用轨道遮罩制作水墨晕染转场效果，最终效果如图5-41所示。

图5-41

01 导入素材，创建新合成，设置"合成名称"为"水墨晕染转场"，"预设"为HDTV 1080 25，"持续时间"为0:00:12:00，设置完成后单击"确定"按钮，如图5-42所示。

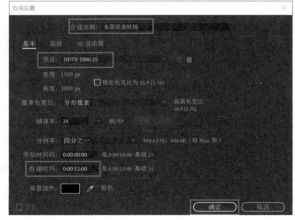

图5-42

02 导入"水墨素材.mp4""中国长城.mov"素材,调整"水墨素材.mp4"的"位置"为(929,540),"缩放"为(104%,104%),如图5-43所示。

图5-43

03 选择"中国长城.mov"图层,将轨道遮罩属性修改为"亮度反转遮罩",让"中国长城.mov"只在黑色墨迹范围内显示,且显示区域随着墨迹扩展而改变;"水墨素材.mp4"中白色部分则控制图像不显示,呈现透明状态,如图5-44所示。注意,添加完轨道遮罩后,遮罩层不被显示。

图5-44

04 为场景添加水墨元素背景。将"水墨山.jpg"导入合成,作为底部图,并设置"缩放"为(130%,130%),如图5-45所示。

图5-45

05 选中"水墨素材.mp4""中国长城.mov",按快捷键Ctrl+Shift+C进行预合成,并将其命名为"场景一",选择"将所有属性移动到新合成",设置完成后单击"确定"按钮,如图5-46所示。

图5-46

06 将"北京老城,中国.mov"导入合成,将时间线拖曳到第5s处,按快捷键Alt+[,剪切左侧素材,如图5-47所示。

图5-47

07 将"004.mp4"拖曳到合成中，放到"北京老城，中国.mov"上方并将它们的时间轨道的前端对齐。将"北京老城，中国.mov"图层的轨道遮罩属性改为"亮度反转遮罩"，如图5-48所示。

图5-48

08 选中"北京老城，中国.mov"与"004.mp4"图层，按快捷键Ctrl+Shift+C进行预合成，将其命名为"场景二"，选择"将所有属性移动到新合成"，设置完成后单击"确定"按钮，如图5-49所示。

图5-49

09 导入"风景.jpeg"，调整图层的"缩放"为（181%，181%），将时间线拖曳到第9s处，将"004.mp4"图层拖曳到"风景.jpeg"图层上方，并将"风景.jpeg"图层的轨道遮罩属性修改为"亮度反转遮罩"，选中"风景.jpeg"图层和"004.mp4"图层，按快捷键Alt+[，剪切左侧素材，如图5-50所示。

图5-50

10 为"风景.jpeg"做一个缩放动画。选中"风景.jpeg"图层，在第12s处激活"缩放"关键帧，在第9s处设置"缩放"为（199%，199%），如图5-51所示。选中"风景.jpeg"图层与"004.mp4"图层，按快捷键Ctrl+Shift+C进行预合成，将其命名为"场景三"，选择"将所有属性移动到新合成"，设置完成后单击"确定"按钮，如图5-52所示。

图5-51

图5-52

⓫ 读者可以自行查找音乐素材并将其拖曳到合成中，放置在底层，然后调出"波形"，如图5-53所示。

图5-53

⓬ 将音乐节奏与画面匹配，在音乐波峰处有打击乐鼓点声的位置进行画面切换，如图5-54所示。

📝 提示 -->

用相同的方法继续为"场景二""场景三"制作效果，如果有疑问，可以观看教学视频。

图5-54

5.5 使用"Roto笔刷工具"制作动画

本节主要介绍"Roto笔刷工具"的使用方法。

5.5.1 使用笔刷

当需要对视频进行抠像操作时，可以使用After Effects自带的"Roto笔刷工具"。

先将视频素材"跳舞人物.mp4"导入合成，再在"时间轴"面板双击该视频素材，然后在工具栏中找到"Roto笔刷工具"，选择后按住鼠标左键，在想要抠像的主体上绘制一条线，After Effects就会自动将这个主体对象抠出来，如图5-55所示。

图5-55

按住鼠标左键在没有抠到的地方继续绘制，直到主体全部被抠出，如图5-56所示。如果想去掉一些不想抠出的部分，可以按住Alt键，在不需要抠出的部分画线，如图5-57所示。

图5-56　　　　　　　　　　　　　图5-57

5.5.2 自动抠像

使用笔刷调整好每一个画面要抠的内容之后，单击窗口下方的"冻结"按钮，After Effects就会自动开始渲染抠像，如图5-58所示。

图5-58

5.5.3 细修微调

渲染完成后，回到合成内，就会看到人物已经被抠出来了，如图5-59所示。这时候，如果发现有些地方仍然需要调整，可以双击图层后，再次单击"冻结"按钮，"解冻"后用笔刷继续调整。

图5-59

5.6 使用抠像效果制作动画

本节主要介绍常用的抠像效果的相关参数和使用方法。

5.6.1 CC Simple Wire Removal

当需要将视频中的一些线状物去除时，可以使用After Effects自带的CC Simple Wire Removal效果器。

选中要添加该效果器的图层，在"效果和预设"面板中搜索CC Simple Wire Removal，双击找到的效果器，即可将它添加到所选图层上，其属性如图5-60所示。Point A和Point B分别代表线状物的两端，将Point A和Point B分别移动到绳子的两端，如图5-61所示，就可以实现去除绳子的效果。

Thickness用来控制擦除的范围。将Point A和Point B移动到绳子两端后，这个绳子并没有被去除，原因就是绳子太粗了，将Thickness的数值调整为35，就可以看到绳子被擦除了，如图5-62所示。

图5-60　　　　　　　　　　图5-61　　　　　　　　　　图5-62

Removal Style用来控制擦除的样式，共有4种不同的擦除样式，如图5-63所示。

图5-63

Slope用来控制擦除效果的边缘羽化程度，数值越小，羽化效果越明显，如图5-64所示。

图5-64

5.6.2 提取

当想要基于画面中的颜色信息抠出画面中的元素时，可以使用After Effects自带的"提取"效果器。选中要添加该效果器的图层，在"效果和预设"面板中搜索"提取"，双击找到的效果器，即可将它添加到所选图层上，其属性如图5-65所示。

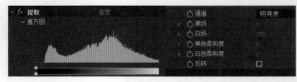

图5-65

"通道"共有5个选项，分别是"明亮度""红色""绿色""蓝色""Alpha"，效果器提取对象时所依据的像素的颜色信息取决于选择的通道。如果要提取的对象整体偏红，就可以将"通道"切换成"红色"；如果要提取的对象整体偏暗，就可以将"通道"切换成"明亮度"，以此类推。

"黑场"和"白场"代表两种不同的提取方式。如果当前选择的是"明亮度"通道，那"黑场"数值越高，效果器就会将画面中越暗的像素去除，如图5-66所示；同理，如果"白场"数值越高，效果器就会将画面中越亮的像素去除。

图5-66

"黑色柔和度"和"白色柔和度"则用来控制抠除时的边缘羽化效果，数值越大，羽化效果越明显，如图5-67所示。

"反转"用来将当前画面里抠出的内容与未抠出的内容进行反转，如图5-68所示。

图5-67　　　　　　　　　　　　　　　　图5-68

5.6.3 线性颜色键

如果拍摄的素材画面比较复杂，想要抠出的主体颜色比较特别，可以使用After Effects自带的"线性颜色键"效果器。选中要抠像的素材，在"效果和预设"面板中搜索"线性颜色键"，双击找到的"线性颜色键"效果器，就可以将它直接添加到素材上，其属性如图5-69所示。

图5-69

"视图"用来控制显示的内容。"最终输出"显示抠完之后的效果；"仅限源"则会显示原素材的效果；"仅限遮罩"则会显示抠图的黑白遮罩，如图5-70所示。

图5-70

"主色"用来控制要抠除的颜色，单击█之后，在画面中单击想要抠除的颜色，就可以直接将画面中该颜色的部分全都抠除。如果想要抠除多个颜色，则需要单击增加颜色的拾色器按钮█，再在画面中单击想要抠除的颜色。

图5-71

"匹配颜色"属性有3个选项，主要用来控制抠除颜色的方式，如图5-71所示。

"匹配容差"用来控制需要抠除的相近颜色，数值越大，抠除的相近颜色越多，如图5-72所示。

"匹配柔和度"用来控制抠除颜色的边缘羽化效果，数值越大，羽化效果越明显，如图5-73所示。

图5-72　　　　　　　　　　　　　　　　图5-73

5.7　Keylight

如果拍摄的素材背景是纯绿色的，想要抠出主体的部分则可以使用After Effects自带的Keylight效果器。选中要添加该效果器的图层，在"效果和预设"面板中搜索Keylight，双击找到的效果器将它添加到图层上，其属性如图5-74所示。

Keylight的属性比较多，这里只介绍两个比较常用的属性。

Screen Colour可以理解为抠像主体之外的颜色，只要将这个属性调整为素材的背景颜色，那素材的背景就会被自动抠除。一般使用右侧的直接拾取，单击之后，再单击素材的背景部分即可，如图5-75所示。

Screen Gain用来控制背景颜色的不透明度，为100时则不显示被抠掉的背景，如图5-76所示。

图5-75

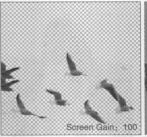

图5-74　　　　　　　　　　　　　　　图5-76

案例训练：制作抠像特效

工程文件	工程文件>CH05 > 案例训练：制作抠像特效
学习目标	掌握Keylight的使用方法
难易程度	★ ★ ★ ☆ ☆

下面使用Keylight制作抠像特效，最终效果如图5-77所示。

图5-77

01 导入素材，创建新合成，在"合成设置"对话框中设置"合成名称"为"抠像"，"预设"为HDTV 1080 25，宽度为1920px，高度为1080px，"持续时间"为0:00:10:00，设置完成后单击"确定"按钮，如图5-78所示。

02 将"抠像素材.mp4"导入"时间轴"面板，调整"缩放"为（80%，80%），如图5-79所示。

图5-78

图5-79

03 选择"矩形工具" ▦ ，框选出人物，用"选取工具" ▶ 调整蒙版范围，如图5-80所示。

图5-80

04 为"抠像素材.mp4"图层添加Keylight效果，单击Screen Colour（屏幕颜色）右侧的 ▦ ，拾取背景颜色（绿色），设置View（查看）为Screen Matte（屏幕蒙版），Clip Black（黑色剪切）为5，Clip White（白色剪切）为92，参数设置及效果如图5-81所示。

图5-81

05 设置View（查看）为Intermediate Result，将"背景素材"拖曳到"时间轴"面板的图层底部，效果如图5-82所示。

06 选中"抠像素材.mp4"图层，回到"效果控件"面板。单击Advance...1 Suppressor左侧的 *fx*，勾选Key Cleaner的"减少震颤"，设置"其他边缘半径"为4，设置Screen Shrink/Grow为 −2，Screen Softness为1，参数设置及效果如图5-83所示。

图5-82

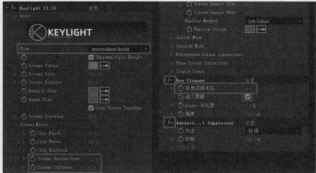 

图5-83

07 选择"抠像素材.mp4"图层，添加"Lumetri颜色"效果，隐藏背景图层。设置"曝光度"为 −0.1，"阴影"为 −5，"黑色"为 −5，如图5-84所示。

图5-84

08 选择"抠像素材.mp4"图层,继续在"效果控件"面板中操作,展开"曲线",调整白色与蓝色曲线,如图5-85所示。

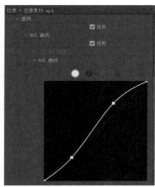

图5-85

09 读者还可以对"色轮"进行调整,调整好后对人物位置进行调整,参考坐标为(1255,549),取消隐藏背景图层。效果如图5-86所示。

图5-86

5.8 使用第三方插件抠像

本节主要介绍第三方抠像插件的相关参数和使用方法。

5.8.1 使用 Primatte Keyer 抠像

相比Keylight,Primatte Keyer的功能更加丰富,可调节的参数也更多。但同时,Primatte Keyer也更难掌握。下面为读者介绍Primatte Keyer的几个核心功能。本书演示的Primatte Keyer的版本为Primatte Keyer 6。

将要抠像的视频文件直接拖入合成中,在"效果和预设"面板中搜索Primatte Keyer,将找到的效果器拖曳到视频图层上,就会在"效果控件"面板看到Primatte Keyer 6的相关属性,如图5-87所示。

图5-87

"定义键控"主要用来切换抠图的工具和抠图的方式。单击"自动定义键控",可以实现智能自动抠像,如图5-88所示。单击"自动定义键控"右侧的■,可以取消抠图效果。

图5-88

下方的■和■表示采样风格。■是"点采样",即单击到哪里,就在哪里采样,也可以按住鼠标左键连续采样;■是"区域采样",即对区域内的像素采样,可以通过按住鼠标左键并拖曳鼠标的方式绘制出一个区域。

切换到■后再在视频中采样时,Primatte Keyer会自动给和采样区域颜色相近的颜色创建蒙版。

切换到■后再在视频中采样时,背景中没有抠干净的噪点会被清除。切换到■后,再在视频中采样时可以把前景中不该被抠掉的像素复原。切换到■后可以从前景中删除背景颜色的溢出。切换到■后可以增加从前景中去除的背景颜色的溢出。切换到■后,可以将溢出校正的颜色移动到前景,同时保持溢出校正。

"查看选项"中一共有6种显示方式,如图5-89所示。"合成"即显示视频被抠图后的效果,"蒙版"即显示被抠图的蒙版,"前景"和"背景"分别显示当前图层和当前图层下方的图层。

如果勾选下方的"分屏"选项,则画面一半会显示原视频,一半会按照"查看选项"中选择的选项显示,如图5-90所示。"分屏数量"用来控制蒙版和原视频的显示比例。

图5-89   图5-90

"蒙版"下的"蒙版模糊"用来控制抠图的边缘羽化程度,数值越大,边缘羽化效果越明显,如图5-91所示。"收缩蒙版"用于将蒙版的边缘向内部收缩。

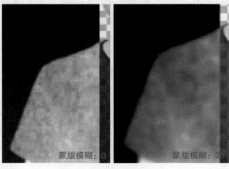

图5-91

5.8.2 使用 Superpose 去除动态元素

如果要去除由固定机位拍摄的动态视频中的运动元素，例如下雪场景中纷飞的雪花，或者高速公路上川流不息的车流，可以使用Superpose这个第三方插件。

先将需要处理的视频素材放到合成中，然后在"效果和预设"面板中搜索Superpose，将找到的Superpose 2效果拖曳到视频图层上，此时就可以在"效果控件"面板看到Superpose 2的相关参数了，如图5-92所示。

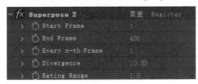

图5-92

Start Frame用来设置插件要从视频的第几帧开始分析。End Frame则用来设置插件分析到第几帧结束。如果固定机位的场景从第1帧开始，就将Start Frame设置为1，End Frame则需要根据处理的结果来设置，如果画面中的动态元素去除得不干净，可以调大这个数值，直到画面中的动态元素消失，如图5-93所示。

图5-93

Every n-th Frame用来控制每隔多少帧叠加一次。如果处理后的画面中出现了很多噪点，可以调大Rating Range的数值，如图5-94所示。

图5-94

Divergence即发散，数值越小，画面中越容易出现噪点，数值越大，噪点越少，如图5-95所示。

图5-95

5.9 拓展实训

拓展实训：制作人物介绍轮播效果

工程文件	工程文件>CH05 > 拓展实训：制作人物介绍轮播效果
学习目标	掌握轨道遮罩的使用方法
难易程度	★★☆☆☆

轮播效果如图5-96所示。

图5-96

拓展实训：制作Logo蒙版动画

工程文件	工程文件>CH05 > 拓展实训：制作Logo蒙版动画
学习目标	掌握轨道遮罩的使用方法
难易程度	★★★☆☆

效果如图5-97所示。

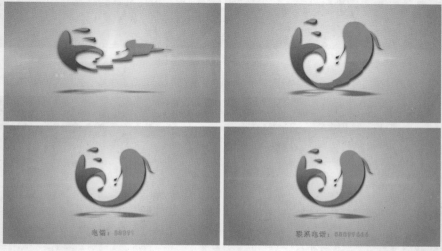

图5-97

第 **6** 章

制作3D与
跟踪动画

　　本章主要介绍制作3D动画和跟踪动画的方法。在制作3D动画时会用到3D图层、摄像机图层、灯光图层等图层。跟踪动画的制作会涉及跟踪器。另外，本章还介绍了可以用来制作3D动画的第三方插件。

本章学习要点

▶ 掌握3D动画的制作方法

▶ 掌握跟踪技术

▶ 掌握跟踪动画的制作方法

6.1 使用3D图层制作3D动画

本节主要介绍3D图层的创建方法和应用。

6.1.1 创建 3D 图层

在After Effects中，除了摄像机这种比较特殊的图层，其他图层都可以转换为3D图层。将普通图层转换为3D图层，只需要单击图层的"3D图层"按钮即可，如图6-1所示。

如果在"时间轴"面板看不到这个按钮，可以单击"时间轴"面板下方的"切换开关/模式"按钮，将"时间轴"面板切换到"开关"状态，如图6-2所示。

图6-1

图6-2

6.1.2 3D 图层动画

图层被转换为3D图层之后，选中图层，图层中对象原来的锚点处会出现一个3D控制器，如图6-3所示。这个控制器一共有3个轴向，每个轴向上又包含3种属性控制，箭头对应位移，方块对应缩放，圆点对应角度，在对应位置按住鼠标左键并拖曳即可实现对图层中对象的变化控制。

另外，也可以展开图层的属性，直接调整图层的属性值，如图6-4所示。

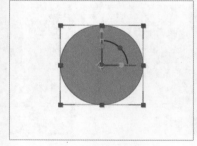

图6-3

图6-4

6.2 使用摄像机制作3D动画

本节主要介绍摄像机图层的创建方法以及使用摄像机图层制作动画的方法。

6.2.1 创建摄像机

创建摄像机一共有3种方式，最常见的就是在"时间轴"面板的空白处右击，执行"新建>摄像机"菜单命令，也可以在菜单栏中执行"图层>新建>摄像机"菜单命令，如图6-5所示。另外，还可以按快捷键Ctrl+Alt+Shift+C直接创建摄像机。

图6-5

6.2.2 摄像机动画

想要制作摄像机动画，先要确保画面中的图层都启用了"3D图层"效果，因为摄像机只对3D图层起作用，如图6-6所示。摄像机一共有3种运动方式，分别是旋转、平移和推拉，分别对应工具栏中的"绕光标旋转工具" 、"在光标下移动工具" 、"向光标方向推拉镜头工具" 。

展开摄像机的"变换"属性，通过调整摄像机的"目标点""位置""方向"等属性制作摄像机动画，如图6-7所示。

图6-6   图6-7

如果想要看到摄像机和图层的相对位置，可以将预览窗口下方的"切换视图"选项切换为其他选项，如图6-8和图6-9所示。

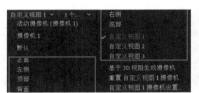

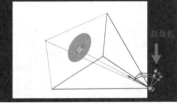

图6-8   图6-9

6.2.3 摄像机属性

双击摄像机图层，会弹出"摄像机设置"对话框，如图6-10所示。

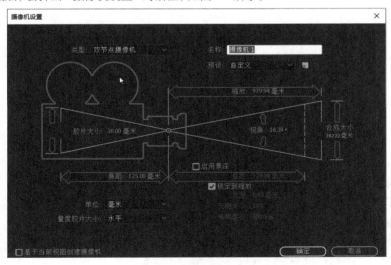

图6-10

"类型"有两个选项，一个是"双节点摄像机"，另一个是"单节点摄像机"，一般情况下使用"双节点摄像机"。"预设"用来调整摄像机的焦距，数值越小视野范围越大，数值越大视野范围越小，一般情况下选择35mm或者50mm的焦距。勾选"启用景深"后，摄像机就会有景深效果。

创建好摄像机后如果想修改这些参数，直接双击创建好的摄像机图层即可。

案例训练：制作图片穿梭效果

工程文件	工程文件>CH06 > 案例训练：制作图片穿梭效果
学习目标	掌握摄像机、父级和链接的使用方法
难易程度	★ ★ ☆ ☆

下面使用摄像机、父级和链接制作图片穿梭效果，最终效果如图6-11所示。

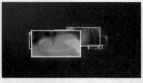

图6-11

01 导入素材，创建新合成，设置"合成名称"为"拉镜头"，"预设"为HD · 1920×1080 · 25fps，"持续时间"为0:00:15:00，设置完成后单击"确定"按钮，如图6-12所示。

02 继续创建新合成，设置"合成名称"为"合成1"，"预设"为"自定义"，"宽度"为400px，"高度"为225px，"持续时间"为0:00:15:00，设置完成后单击"确定"按钮，如图6-13所示。

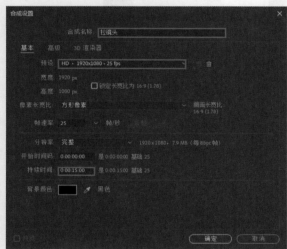

图6-12

图6-13

03 在"合成1"中创建一个矩形，取消"填充"，设置"描边颜色"为白色，"描边宽度"为13像素，如图6-14所示。

04 在"项目"面板中选择"合成1"，多次按快捷键Ctrl+D，复制10个合成，如图6-15所示。

图6-14

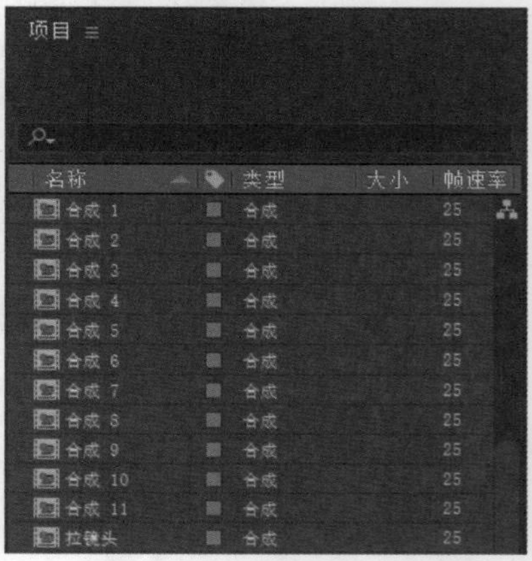

图6-15

05 导入图片。在"合成1"~"合成11"中分别导入图
片素材，调整图片素材的位置到画面的中心，如图6-16
所示。

图6-16

06 选中"合成1"~"合成11"，将它们拖曳到"拉镜头"合成的"时间轴"面板中，启用所有图层的"3D图层"
效果 ，如图6-17所示。

07 创建一个摄像机图层，设置"类型"为"双节点摄像机"，预设为"35毫米"，单击"确定"按钮，如图6-18所
示。按C键切换摄像机工具类型，设置预览视图为2个，
一个设置为顶视图，另一个设置为摄像机自由视图。

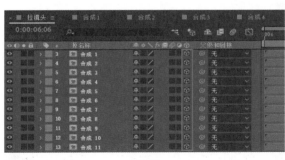

图6-17

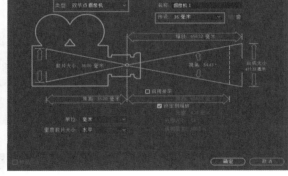

图6-18

08 调整各个合成"位置"属性的值，进行空间前后位置的调整，如图6-19所示。

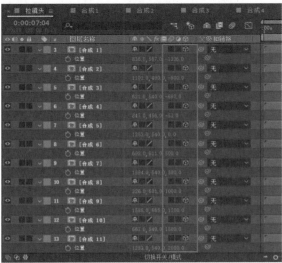

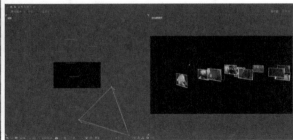

图6-19

09 创建一个空对象，选择"空1"图层，单击"3D图层"按钮▣，设置"摄像机1"图层的"父级和链接"为"空1"，如图6-20所示。

图6-20

10 制作图片穿梭效果。选中"空1"图层，在第0s时设置"位置"为（960，540，4000）并激活关键帧，在第5s时设置"位置"为（960，540，−2000），如图6-21所示。

图6-21

11 创建新合成，设置"合成名称"为"最终镜头"，"预设"为HDTV 1080 25，"持续时间"为0:00:15:00。拖曳"视频过渡.mp4"素材、"拉镜头"合成到"最终镜头"合成中，调整"视频过渡.mp4"在时间轴上的位置，让其在第5s时显示为全白画面，如图6-22所示。

图6-22

12 选择"拉镜头"图层，设置轨道遮罩属性为"亮度反转遮罩"，让照片素材只在黑色范围内显示，并让整个显示区域随黑色范围的扩展而改变，"视频过渡.mp4"图层中白色部分则控制图像不显示，如图6-23所示。

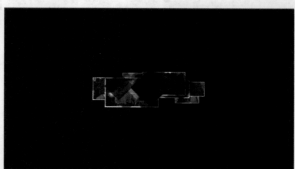

图6-23

13 创建新合成，设置"合成名称"为"logo"，"预设"为"自定义"，"宽度"为800px，"高度"为450px，"持续时间"为0:00:10:00。将"动态金色相册边框Alpha.mov"素材导入"logo"合成，调整边框的大小和位置，再在"合成"面板中输入"Logo"，如图6-24所示。

图6-24

14 将 "logo" 合成、"视频过渡.mp4" 素材拖曳到
"最终镜头" 合成的 "时间轴" 面板中。调整时间线到
第6s，使 "视频过渡.mp4" 显示为全白。让logo图层位
于 "视频过渡.mp4" 图层下方，将轨道遮罩属性修改
为 "亮度"，使 "logo" 合成呈现出从无到有的效果，如
图6-25所示。

图6-25

15 拖曳 "背景.jpg" "光线.mp4" 到 "最终镜头" 的
"时间轴" 面板中，更改 "光线.mp4" 图层的混合模式
为 "屏幕"，将 "光线.mp4" 图层移动到logo图层下方，
如图6-26所示。

图6-26

6.3 使用灯光制作3D动画

本节主要介绍灯光的创建方法和灯光图层的设置方法。

6.3.1 灯光类型

在After Effects中，灯光一共有4种类型，分别是平行光、聚光、点光和环境光。

平行光是指没有开始和结尾的直线光束，一般用来提亮画面的局部；聚光则有点像舞台的聚光灯，可以用来照亮某个特定的对象；点光则类似灯泡，当需要模拟一个发光对象时，就可以给这个对象做一个点光；环境光用来提亮整个环境，如果当前画面比较暗，就可以用环境光提亮。灯光效果如图6-27所示。

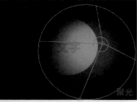

图6-27

6.3.2 创建灯光图层

在"时间轴"面板的空白处右击，执行"新建>灯光"菜单命令，即可创建灯光图层，也可以在菜单栏中执行"图层>新建>灯光"菜单命令来创建，如图6-28所示。另外，还可以按快捷键Ctrl+Alt+Shift+L直接创建灯光图层。

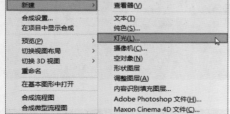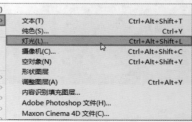

图6-28

6.3.3 灯光属性

创建灯光图层后，会弹出"灯光设置"对话框，如图6-29所示。"灯光类型"属性用来控制当前灯光的类型，不同类型的灯光特点参考6.3.1小节的内容；"颜色"用来修改灯光的颜色；"强度"用来控制灯光的光照强度，数值越大，灯光越亮；"衰减"用来控制灯光的衰减方式，如图6-30所示。

图6-29

图6-30

案例训练：制作聚光灯下的3D动画

工程文件　工程文件>CH06＞案例训练：制作聚光灯下的3D动画
学习目标　掌握灯光的创建和设置方法
难易程度　★★☆☆☆

本例的最终效果如图6-31所示。

图6-31

01 创建新合成，设置"合成名称"为"立体Logo"，"预设"为HDTV 1080 25，"持续时间"为0:00:10:00，设置完成后单击"确定"按钮，如图6-32所示。

02 按快捷键Ctrl+Y创建纯色图层，将其命名为"地面"，设置颜色为#5C5C5C，然后单击"地面"图层的"3D图层"按钮▣，设置"X轴旋转"为90°，并调出两个视图。效果如图6-33所示。

图6-32　　　　　　　　　　　　　　　　图6-33

03 输入文字。在"合成"面板中单击并输入ADOBE，设置字体为"思源黑体CN"，选择Bold（粗体），设置填充颜色为白色，字体大小为161像素，字符间距为120，如图6-34所示。设置好后单击"切换透明网格"按钮▣，并修改为黑色背景。

04 调整文字位置，选择文本图层，在"对齐"面板中单击"水平对齐""垂直对齐"按钮，效果如图6-35所示。

图6-34　　　　　　　　　　　　　　　　图6-35

05 选择ADOBE图层，单击"3D图层"按钮 。不选择任何图层，创建一个摄像机图层，设置"类型"为"双节点摄像机"，"预设"为"35毫米"，如图6-36所示。

06 单击"统一摄像机工具" ，按C键切换为"轨道摄像机工具"，现在文字有一半在地面以下，需要调整文字位置。选择文本图层，设置"位置"为（964.8，534，0）。调出4个视图，调整摄像机角度查看文字位置，使文字紧贴地面，效果如图6-37所示。

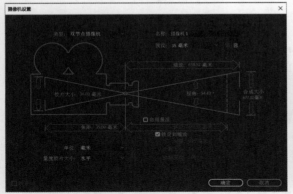

图6-36

图6-37

07 调回两个视图，切换为透明网格，将地面放大到看不到透明网格。选择"地面"图层，设置"缩放"为（0%，3000%，3000%），按C键切换摄像机工具类型，查看有没有露出透明网格。效果如图6-38所示。

图6-38

08 选择ADOBE图层，单击"动画"右侧的 ，执行"启用逐字3D化>旋转"菜单命令，如图6-39所示。

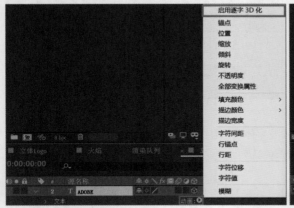

图6-39

09 选择ADOBE图层，展开"动画制作工具1>范围选择器"，设置"X轴旋转"为-90°。在0:00:01:00处激活"起始"的关键帧并设置参数为0%，在0:00:06:00处设置"起始"为100%，展开"范围选择器>高级"，打开"随机排序"。效果如图6-40所示。

图6-40

10 选择摄像机图层，展开"变换>目标点与位置"。在
0:00:00:00处设置"目标点"为（960,540,0），"位置"为
（330,35,−1400）并激活它们的关键帧，在0:00:08:00处
按C键更换摄像机工具，调整摄像机角度以制作环绕半
周的动画，设置"目标点"为（9700,530,6），"位置"为
（980,100,−1200）。效果如图6-41所示。

图6-41

11 右击"时间轴"面板的空
白处，执行"图层>新建>灯
光"菜单命令，将"灯光类型"
改为"环境"。展开"环境光1"，
设置"强度"为30%，"颜色"
为#9BC3F9。灯光设置及效
果如图6-42所示。

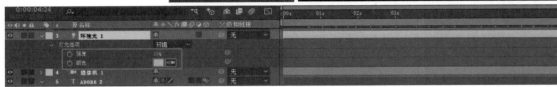

图6-42

12 新建灯光，将"灯光类型"改为"点"，勾选"投
影"。选择ADOBE图层，打开"材质选项"中的"投
影"，如图6-43所示。

图6-43

13 选择"点光1"图层，在0:00:06:00处设置"位置"为（941,160,−410）并激活关键帧，在0:00:08:00处设置"位
置"为（742,188,−621）。在0:00:00:00处设置"灯光选
项"的"强度"为0%并激活关键帧，在0:00:01:00处设
置"强度"为160%，在0:00:05:00处设置"强度"为
100%"，在0:00:08:00处设置"强度"为200%，如图6-44
所示。

图6-44

14 新建灯光，设置"灯光类型"为"点"，不勾选"投影"；调出4个视图，将"点光2"拖曳到文字后面，以照亮
文字背面；设置"位置"为(1235,
−1158,2000)，继续设置"点光2"
的"强度"，在0:00:02:00处激活关
键帧，设置参数值为"100%"，在
0:00:00:00处设置参数值为0%，
如图6-45所示。

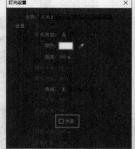

图6-45

6.4 单点跟踪和多点跟踪

本节主要介绍单点跟踪和多点跟踪的操作方法。

6.4.1 单点跟踪

当需要跟踪视频画面中的某个元素时，可以使用After Effects自带的
跟踪器。默认情况下，"跟踪器"面板会直接出现在软件工作界面中。如
果在软件工作界面中找不到，可以执行"窗口>跟踪器"菜单命令，打开
"跟踪器"面板。

选中合成中要执行单点跟踪的素材，单击"跟踪
器"面板的"跟踪运动"按钮，就会进入素材图层内部，
同时画面中会多出一个白色的跟踪点，如图6-46所示。

图6-46

假如想跟踪人物的嘴巴，那就将跟踪点移动到人物的嘴巴处，并调整跟踪的范围，尽量让跟踪点中心的
"小十字"移动到不同颜色的交界处，如图6-47所示。素材时间轴下方的"{"和"}"分别用来控制跟踪的时间
范围，如图6-48所示。

"跟踪器"面板的"运动源"即当前跟踪的素材；"当前跟踪"用来切换跟踪器；"跟踪类型"用来控制跟踪对
象的属性，如果选择"变换"则可以选择跟踪"位置""旋转""缩放"属性中的某几个，也可以跟踪全部属性，
如图6-49所示。

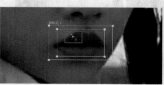

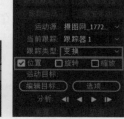

图6-47　　　　　　　　　　　图6-48　　　　　　　　　图6-49

确定好需要跟踪的目标之后，单击"跟踪器"面板的"向前分析"按钮▶或者"向后分析"按钮◀，After Effects就会开始执行跟踪。跟踪完成后，画面中会出现一系列的运动轨迹，如图6-50所示。

图6-50

6.4.2 多点跟踪

当需要跟踪多个对象时，可以使用跟踪器的多点跟踪功能。选中要执行跟踪的图层，单击"跟踪器"面板的"跟踪运动"按钮，画面中就会出现一个跟踪点，勾选"跟踪器"面板的"旋转"，如图6-51所示，此时画面中就会出现第2个跟踪点，如图6-52所示。

这里以人物的眉毛为例，将两个跟踪点分别移动到两侧眉毛的位置，如图6-53所示。单击"向前分析"按钮▶，跟踪器就会开始计算跟踪数据。

图6-51

图6-52

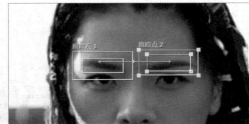

图6-53

6.5 使用跟踪器制作跟踪动画

本节主要介绍运动防抖和跟随物体的操作方法。

6.5.1 运动防抖

如果拍摄素材时抖动比较严重，可以使用After Effects自带的跟踪器修复。选中合成中需要修复的素材图层，单击"跟踪器"面板的"稳定运动"按钮，画面中就会出现一个跟踪点，如图6-54所示。

调整跟踪点的位置，尽量将它放到一个颜色对比比较明显、图形简单的位置，如图6-55所示，然后单击"向前分析"按钮▶，让After Effects开始分析。分析完成之后，再单击"跟踪器"面板的"应用"按钮，素材的抖动就得到了修复。

图6-54

图6-55

6.5.2 跟随物体

在6.4.1小节中，执行单点跟踪后，得到了图6-50所示的运动轨迹。此时，回到合成内，在合成中创建一个空对象，再双击素材进入素材内部，单击"跟踪器"面板的"编辑目标"按钮。在弹出的对话框中，将"图层"切换到刚刚创建的空对象图层，单击"跟踪器"面板中的"应用"按钮，如图6-56所示。

图6-56

在弹出的对话框中将"应用维度"设置为"X和Y"，如图6-57所示，空对象就会继承刚刚跟踪得到的运动轨迹。此时就实现了空对象对人物嘴巴的跟踪。如果创建一个文本图层，将它摆放到合适的位置，再将文本图层作为空对象图层的子级，就实现了文字随着人物一起变换的效果，如图6-58所示。

图6-57   图6-58

案例训练： 制作摄像机跟踪动画

工程文件	工程文件>CH06 > 案例训练：制作摄像机跟踪动画
学习目标	掌握摄像机跟踪运动
难易程度	★★☆☆☆

本例的最终效果如图6-59所示。

图6-59

6.6　使用第三方插件制作3D动画

本节主要介绍第三方插件的相关参数和基本操作方法。

6.6.1　使用 Element 制作 3D 动画

使用Element既可以在After Effects中直接渲染3D对象，也可以创建一些简单的3D模型。通过给相关的属性和摄像机K帧，就可以在After Effects中制作3D动画。需要注意的是，由于它是一个第三方插件，在使用它之前，要先确保已经完成了插件的安装。

1. 认识界面

在After Effects中新建一个任意尺寸的合成，再在合成中新建一个纯色图层。选中这个纯色图层，在"效果和预设"面板中搜索Element，双击找到的Element效果器，就可以将其直接添加到纯色图层上，如图6-60所示。

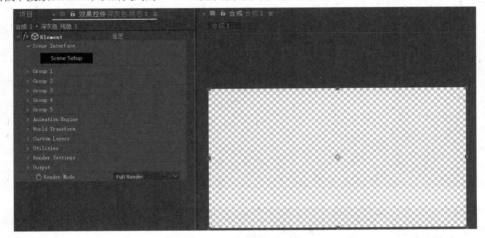

图6-60

单击Element "效果控件" 面板的Scene Setup按钮，进入Element界面，如图6-61所示。

图6-61

整个Element界面被分为5个板块，左上角是预览区域，左下方是Scene Materials面板和Presets面板，中间上面是Scene面板，下方是Edit面板，右侧为Element自带的Model Browser面板。在预览区域中滑动鼠标滚轮，可以缩放区域；按住鼠标左键拖曳可以旋转界面；按住鼠标中键拖曳则可以平移界面。

2. 创建模型

　　单击界面顶部的CREATE按钮，就可以在Element中创建一些基础模型。例如此时单击第1个立方体图标，就会在预览区域看到一个立方体，如图6-62所示。

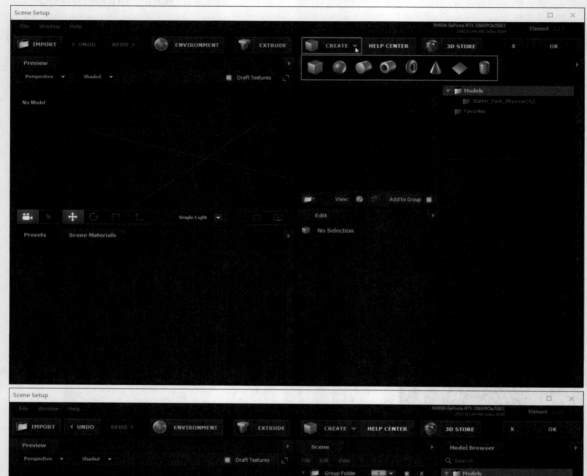

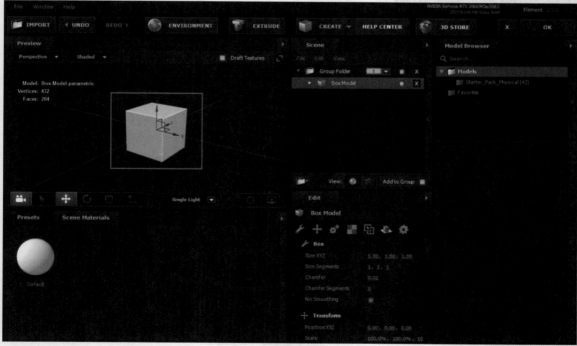

图6-62

如果想要创建一些比较复杂的模型，可以使用右侧Model Browser面板中插件提供的一些模型，单击某个模型就可以直接将它添加到预览区域中，如图6-63所示。除此之外，还可以使用Element创建自定义模型，例如文字模型或形状模型。

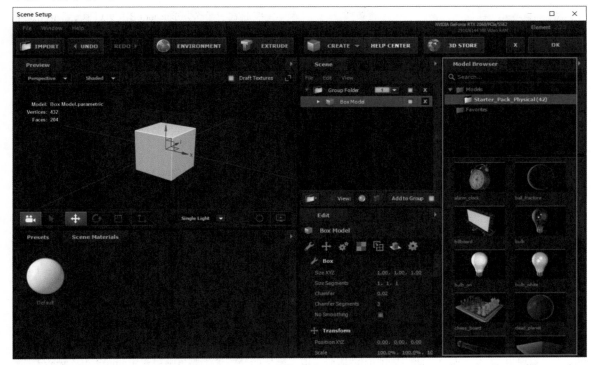

图6-63

3. 创建文字模型

在合成中新建一个文本图层，输入想要建模的文字，如图6-64所示。选中添加了Element的纯色图层，展开Custom Layers>Custom Text and Masks，将Path Layer 1设置成刚刚创建的文本图层，如图6-65所示。

图6-64

图6-65

单击Scene Setup按钮进入Element界面后，单击最上方的EXTRUDE按钮，就会看到刚刚创建的文本图层被挤压成一个3D模型，如图6-66所示。单击右上角的OK按钮，文字的3D模型便会出现在合成中，如图6-67所示。

图6-66

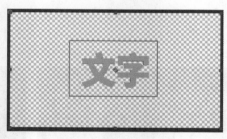

图6-67

4. 创建形状模型

在Element中除了可以用文本图层来创建模型，还可以使用蒙版来创建模型。新建一个纯色图层，在纯色图层上绘制出路径，如图6-68所示。选中添加了Element的纯色图层，展开Custom Layers>Custom Text and Masks，将Path Layer 1设置成刚刚创建的纯色图层，如图6-69所示。

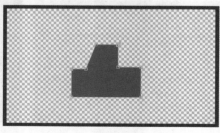

图6-68

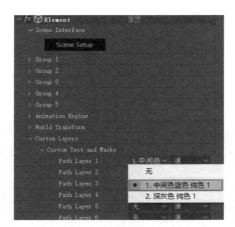

图6-69

单击Scene Setup按钮进入Element界面后，单击顶部的EXTRUDE按钮，就会看到刚刚创建的形状被挤压成一个3D模型，如图6-70所示。单击右上角的OK按钮，形状的3D模型便会出现在合成中，如图6-71所示。

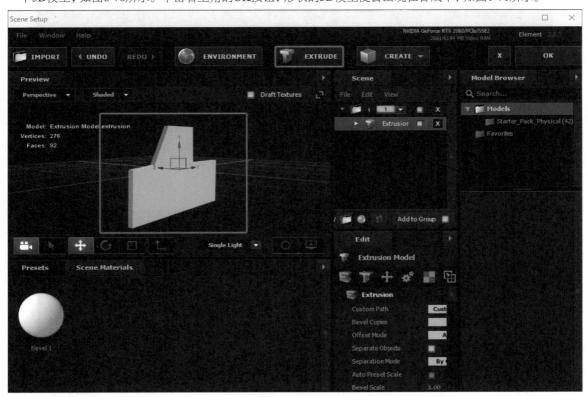

图6-70

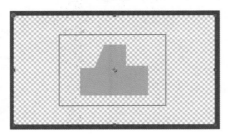

图6-71

5. 设置材质和环境

模型创建好后，还可以在Element中设置它的材质和环境。单击左下角Scene Materials面板中的材质球，就可以在Edit面板中看到材质球的各项属性，如图6-72所示。也可以切换到Presets面板，在插件提供的预设中直接选用创建好的材质或环境，如图6-73所示。

图6-72

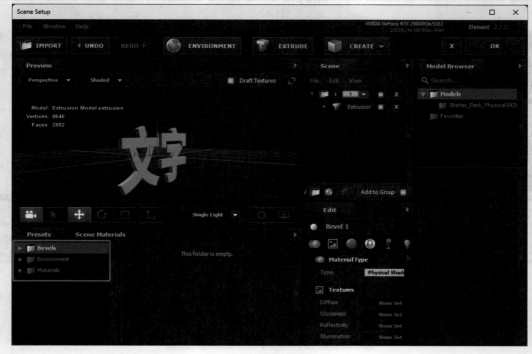

图6-73

Bevels文件夹中主要存放的是一些3D文字的材质预设，Environment文件夹中主要存放的是一些环境预设，Materials文件夹中主要存放的是一些基础材质，如图6-74所示。

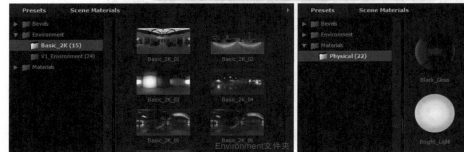

图6-74

如果想要使用预设的材质，单击Materials文件夹下方的Physical（22）文件夹，直接将想要使用的材质拖曳到模型上，即可完成材质的添加，如图6-75所示。

图6-75

175

如果想要使用预设的环境，单击Environment文件夹下的任意一个文件夹，这里以V1_Environment（24）文件夹为例，然后单击某个环境，就可以将它直接应用到模型上，如图6-76所示。

图6-76

如果想要给文字模型设置材质，单击Bevels文件夹下的Physical（33）文件夹，双击想要的材质即可，如图6-77所示。设置完成后，单击右上角的OK按钮，材质即被添加到文字模型上，如图6-78所示。

图6-77

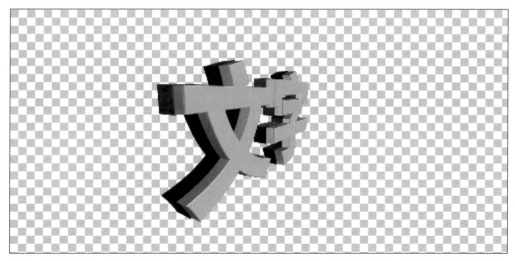

图6-78

6.6.2 使用 Power Cylinder 制作圆柱体动画

如果想要制作圆柱体动画,除了可以使用After Effects自带的CC Cylinder效果器,还可以使用第三方插件Power Cylinder。Power Cylinder可以操控的属性更多,能实现的效果也更复杂,所以如果想要制作的圆柱体动画比较复杂,可以考虑使用Power Cylinder。

选中要制作圆柱体动画的图层,这个图层可以是图片、文本,也可以是合成。在"效果和预设"面板中搜索Power Cylinder,双击找到的效果器,就可以看到图层中的对象被扭曲成一个圆柱体,如图6-79所示;在"效果控件"面板中可以看到Power Cylinder的相关属性,如图6-80所示。

下面介绍这个效果器的几个常用属性。

Texture用来更改圆柱体上的贴图,贴图既可以是本图层,也可以是同一个合成内的其他图层,如图6-81所示。Transform下的属性主要用来控制圆柱体的形态。Slide Texture用来控制贴图在圆柱体上的旋转角度,如图6-82所示。

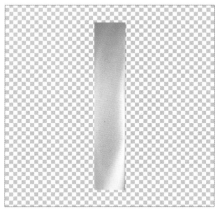

图6-81

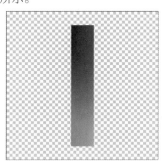

图6-79

图6-80

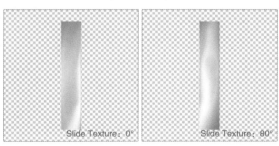

图6-82

Ellipse X/Y用来控制圆柱体横截面的尺寸，如图6-83所示。Hyperboloid即双曲面，用来控制圆柱体的双曲面的变形程度，数值越大，双曲面的变形效果越明显，如图6-84所示。

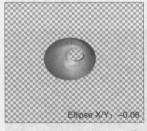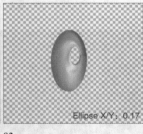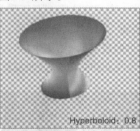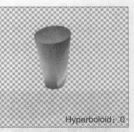

图6-83   图6-84

Radius Scale即半径缩放，用来控制圆柱体横截面的半径，数值越大横截面就越大，圆柱体就越粗，如图6-85所示。Height Scale即高度缩放，用来控制圆柱体的高度，数值越大，圆柱体就越长，如图6-86所示。

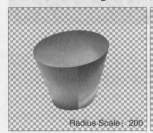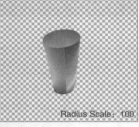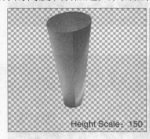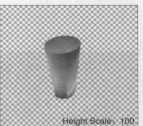

图6-85   图6-86

Position XY用来控制圆柱体在合成中水平和垂直方向上的位置，Position Z用来控制圆柱体在z方向上的位置。Rotation X、Rotation Y、Rotation Z分别用来控制圆柱体在x、y、z方向上的旋转角度。

Open Cylinder下的属性主要用来控制圆柱体的展开效果。Open Parameter即展开范围，数值越大，圆柱体的展开程度越高，如图6-87所示。Fixed Point U和Show Pivot则分别用来控制展开轴的位置和是否显示展开轴，调整展开轴的位置会影响圆柱体展开的形态，如图6-88所示。

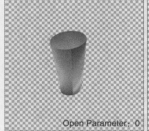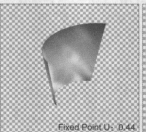

图6-87   图6-88

Extend Cylinder下的属性主要用来控制圆柱体的拓展。Extension Side用来控制圆柱体的拓展方式，一共有3种，分别是Both Sides、Head Side、Tail Side，即两端、头部、尾部，如图6-89所示。

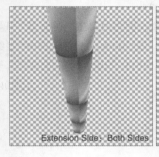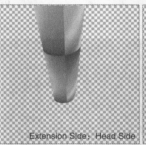

图6-89

Extensions用来控制拓展的数量，数值越大，拓展的数量越多。但是请注意，这里的数量是针对某一个拓展方向计算的。Flip Vertical即垂直翻转，勾选后相邻的圆柱体会垂直翻转一次，如图6-90所示。Screw即螺旋，用来控制复制的每个圆柱体的旋转角度，如图6-91所示。

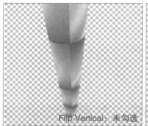 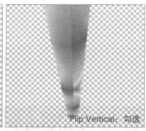

图6-90

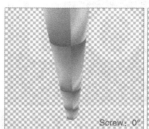 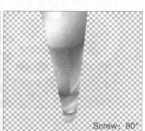

图6-91

Interval即间隔，用来控制复制后的圆柱体之间的间隔，数值越大，间隔就越大，如图6-92所示。

 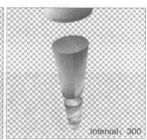

图6-92

6.7 拓展实训

拓展实训：制作立体盒子效果

工程文件	工程文件>CH06 > 拓展实训：制作立体盒子效果
学习目标	掌握3D动画的制作方法
难易程度	★★★☆☆

下面使用3D图层制作立体盒子效果，最终效果如图6-93所示。

图6-93

拓展实训：制作单点跟踪动画

工程文件	工程文件>CH06 > 拓展实训：制作单点跟踪动画
学习目标	掌握单点跟踪
难易程度	★★☆☆☆

下面使用单点跟踪制作跟踪动画，最终效果如图6-94所示。

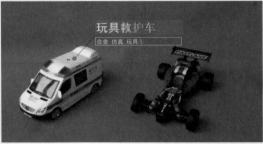

图6-94

拓展实训：制作三维文字效果

工程文件	工程文件>CH06 > 拓展实训：制作三维文字效果
学习目标	掌握Element插件、摄像机的使用方法
难易程度	★★★☆☆

最终效果如图6-95所示。

图6-95

第

7 章

调色技术应用

本章主要介绍简单的调色技法。在实际工作中，虽然会使用专业的调色软件进行素材调色，但是对于比较简单、易处理的素材，为了提高工作效率，通常会直接在After Effects中处理。此外，本章还介绍了常用的第三方调色插件。

本章学习要点

▶ 掌握色彩的基础知识

▶ 掌握调色工具的运用

▶ 掌握调色思路和方法

7.1 色彩的基础知识

本节主要介绍色彩的基础知识和调色的基本流程。

7.1.1 颜色的构成和表达

有光才有色。光被人眼的感光细胞所接收，感光细胞再将这些信号通过神经传输给大脑，于是就有了色彩。

光传递颜色信息的方式有两种，一种是不同波段的光直接被眼睛的感光细胞接收；另外一种是光照到物体上，物体表面吸收了一部分光之后，剩余的光被眼睛的感光细胞接收。前者被称为自然光，最早自然光通常指太阳光。但现实生活中的光源更多，如灯光、屏幕光、闪电等等。而一个物体的固有色指的是在正常白光照射下所呈现出的颜色。因此，日常生活中，我们看到的颜色都是光源色和各种被光源影响的物体的固有色的结合。

1.色彩三要素

米用来衡量长度，克用来衡量重量，光也有自己的衡量单位。如果仅仅用红、黄、蓝这样的名称来衡量显然不够准确，因为红光就可以分为浅红、深红、大红、玫红……

为了更精确地描述颜色，人们定义了3个衡量的标准，它们被称为色彩三要素，即色相（Hue）、明度（Value）、饱和度（Saturation），如图7-1所示。

色相　　　饱和度　　　明度

图7-1

色相可以简单理解成"色彩的相貌"，"赤橙黄绿青蓝紫"指的就是色相，平时说的红、黄、蓝、绿也是在描述色相。从光学的角度来看，色相主要由光的波长决定。

明度即色彩的明暗程度。当说"这个颜色有点亮"的时候，其实就是在描述颜色的明度。最亮的颜色是白色，最暗的颜色是黑色。色彩的明度主要

受两个因素影响，一个是光源色的强度，光源色越强，颜色的明度自然越高，光源色越弱，颜色的明度自然越暗；另一个是颜色中混入的黑白颜色的多少，混入的黑色越多，颜色的明度就越低，混入的白色越多，颜色的明度就越高。当然，不同色相的颜色本身也有明度的差异，例如黄色的明度就偏高，紫色的明度就偏低。

饱和度即颜色的纯净度。一种不混有其他色调的色彩或色相就是纯色。一旦这一种颜色中加入其他颜色，它的纯度就会下降。这里要特别注意，黑、白、灰这3种颜色没有饱和度的概念，除这3种颜色以外的颜色，也就是常说的彩色，才有饱和度的概念。

2. 色彩混合

除了三原色，其他颜色都是由一种以上的颜色混合而成的。那些无法拆分的颜色称为"原色"，但光的三原色和颜料的三原色是不一样的。前者的三原色是红（R）、绿（G）、蓝（B），这3种颜色以不同比例相加，可以产生各种色彩的光，如图7-2所示；后者的三原色是青（C）、洋红（M）、黄（Y），如图7-3所示。

 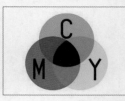

图7-2　　　　　　　　图7-3

将任意两种原色混合得到的颜色叫间色，将间色再混合，就得到复色。以不同比例混合的各种颜色最终构成了我们所看到的多彩世界。

3. 色彩的表达

色彩心理反应是指不同波段的光通过人类的视觉器官传入大脑后，经过思维、以往的记忆和经验的加工，从而对人的心理产生影响。正是因为人会对不同的颜色产生不同的反应，所以色彩心理反应是色彩表达的基础。

在色环的分布中，红橙色类为暖色调，蓝紫色类为冷色调，如图7-4所示。需要注意的是，色彩的冷暖感觉是相对的。

当一幅画面中，某种类型的色彩占比超过70%时，就会称其为该画面的色调。色调指的是画面中占主导地位的视觉因素。色彩的三要素（色相、饱和度、明度）都可以作为色调，可以说一幅画面是红色调、蓝色调、黄色调，也可以说一幅画面是亮色调、暗色调，还可以说一幅画面是灰色调、纯色调、清色调，甚至可以说一幅画面是冷色调、暖色调、中性色调。

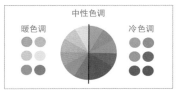

图7-4

7.1.2 调色的基本流程

在正式讲解调色的基本流程之前，先要明确一个问题，即为什么要调色？

首先，无论是拍摄的素材还是从网上下载的素材，它们本身都会存在一些色彩上的问题，例如某些画面过曝或者偏灰，不后期调色就直接使用这些素材，会导致成品质量偏低。

其次，每个视频作品的主题、段落，以及传递的情感不同，因此需要不同的颜色来辅助内容的表达。一般来说，一个以亲情为主题的影片，它的色调通常是暖色的，而一个以惊悚为主题的影片，它的色调则可能是冷色。调色的基本流程如下。

第1步： 修复曝光。导入素材后，先分析素材是否存在曝光上的问题，如果有，则需要先将画面处理成正常的曝光。

第2步： 调整亮度、白平衡和饱和度。如果曝光正常，则需要调整画面的亮度、白平衡和饱和度，让画面整体看起来更加贴近现实。

第3步： 根据影片的主题和想要表达的内容给影片添加合适的风格预设，如果添加预设后的效果跟预期有差别，则可以通过其他调色工具进行更加精细化的调整。

第4步： 务必检查成品的色彩是否统一，每个段落表达的主题和颜色是否匹配。

7.2 使用Lumetri进行调色

本节主要介绍Lumetri调色工具的相关参数和使用方法。

7.2.1 认识"Lumetri范围"面板

在菜单栏中执行"窗口>Lumetri范围"菜单命令后，就可以看到当前合成的Lumetri范围，如图7-5所示。"Lumetri范围"面板显示的是波形RGB，横坐标对应图片RGB颜色分布，纵坐标则显示亮度和颜色的值。

图7-5

7.2.2 基本校正

选中合成中需要调色的图层，在"效果和预设"面板中搜索Lumetri，双击找到的"Lumetri颜色"效果器，即可将它添加到被选中的图层上，其属性如图7-6所示。

勾选"现用"选项后，各项属性才会起作用，如果不勾选，"基本校正"中的所有属性都会失效。

"输入LUT"中包含Lumetri提供的一些预设，切换到不同的预设，就会看到不同的调色效果。Lumetri提供了8种预设，也可以单击"浏览…"选项，浏览本地的预设，如图7-7所示。

可以通过"白平衡选择器"直接选择环境色来调整白平衡，也可以通过"色温"和"色调"调整画面的白平衡。

图7-6   图7-7

"音调"下的属性分别用来控制画面的曝光度、对比度、高光、阴影、白色和黑色。也可以直接单击"自动"，让Lumetri自动调整。如果想让所有参数归零，则单击"重置"按钮即可。

"饱和度"用来控制画面色彩的饱和度。

7.2.3 创意

除了可以使用"基本校正"来给画面调色，还可以使用"创意"中的各项属性来调色，如图7-8所示。

勾选"现用"选项后，"创意"中的各项属性才会起作用，如果不勾选，"创意"中的所有属性都会失效。

Look中包含Lumetri提供的一些预设，有几十种之多。如果想快速调色，就可以使用这里的预设。下方的"强度"属性用来控制预设效果的强度。

"调整"中的"淡化胶片"属性用来控制画面的胶片感，"锐化"用来控制画面的锐化程度，如图7-9所示。

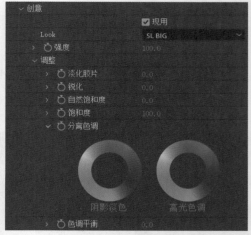

图7-8

图7-9

"自然饱和度"用来控制画面的自然饱和度,如图7-10所示。

"分离色调"中的色环分别用来控制"阴影淡色"和"高光色调"。单击色环,色环上会出现"小十字",移动"小十字"来调整颜色,如图7-11所示。"色调平衡"用来调整画面的色调,如图7-12所示。

图7-11

图7-10 图7-12

7.2.4 曲线

"创意"中的属性多用于制作风格化效果。如果只想针对颜色本身进行调整,可以使用"曲线"中的各项属性。"RGB曲线"用来调整4种颜色,分别是白色、红色、绿色和蓝色,如图7-13所示。

和其他属性一样,勾选"现用"后"曲线"中的属性才会生效。由于曲线面板的横轴代表颜色的明度,所以切换到某个颜色后,上拉曲线,画面中对应明度的颜色就会变多;下拉曲线,画面中对应明度的颜色就会变少,如图7-14所示。

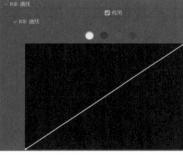

图7-13

图7-14

"色相饱和度曲线"中包含"色相(与饱和度)选择器""色相(与色相)选择器""色相(与亮度)选择器""亮度(与饱和度)选择器"等。可根据想要的效果调整相应的属性。

7.2.5 色轮

"色轮"中的色环分别用来控制画面中"阴影""中间调""高光"部分的颜色,如图7-15所示。色环左侧的箭头则用来控制每个部分的明度。

图7-15

案例训练：挽救灰蒙蒙的素材

工程文件	工程文件>CH07 > 案例训练：挽救灰蒙蒙的素材
学习目标	掌握"基本校正""色阶""曲线"的使用方法
难易程度	★★☆☆☆

本例的最终效果如图7-16所示。

图7-16

7.3 使用色彩校正效果进行调色

本节主要介绍色彩校正效果的相关参数和使用方法。

7.3.1 亮度和对比度

"亮度和对比度"效果器主要用来控制图层的亮度和对比度。

选中要调色的图层，在"效果和预设"面板中搜索"亮度和对比度"，双击找到的效果器，就可以将它直接添加到选中的图层上，其属性如图7-17所示。

"亮度"用来控制画面的整体明亮度。数值越大，画面越亮；数值越小，画面越暗。"对比度"用来控制画面明暗的对比度，数值越大，对比越明显；数值越小，对比越不明显。对比效果如图7-18所示。

图7-17

图7-18

7.3.2 曲线

"曲线"效果器主要用来控制画面的明暗度。选中要调色的图层，在"效果和预设"面板中搜索"曲线"，双击找到的效果器，就可以将它直接添加到选中的图层上，其属性如图7-19所示。

"通道"用来设置想要调整的颜色通道。"曲线"效果器一共提供了5个通道，分别是RGB、红色、绿色、蓝色和Alpha，如果想单独调整某个通道的曲线，则需先切换到对应通道；"曲线"下方的图标用来控制曲线的显示大小，如图7-20所示。

曲线下方右侧的图标用来控制调整曲线的方式，第1个图标表示通过控制点控制曲线，第2个图标表示直接用鼠标绘制曲线，如图7-21所示。

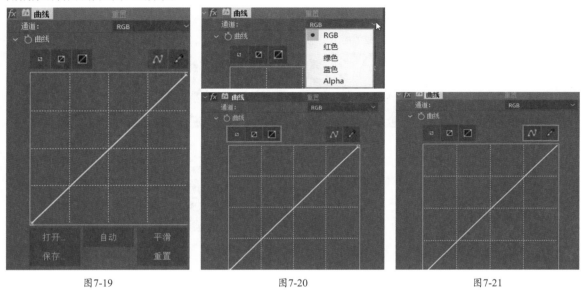

图7-19　　　　　　　　　　　　图7-20　　　　　　　　　　　　图7-21

"曲线"主要用来控制画面的明度，曲线越向上弯曲，画面的明度越高，越向下弯曲，画面的明度越低；靠左侧的曲线用来控制画面的暗部，靠右侧的曲线则用来控制画面的亮部，如图7-22所示。

图7-22

7.3.3 曝光度

"曝光度"主要用来控制画面的曝光效果。选中要调色的图层，在"效果和预设"面板中搜索"曝光度"，双击找到的效果器，就可以将它直接添加到刚刚选中的图层上，其属性如图7-23所示。

图7-23

"通道"用来切换控制曝光的通道，默认选择"主要通道"，也可以切换成"单个通道"。当切换到"主要通道"时，画面由"主"下面的属性控制；当切换到"单个通道"时，画面由"红色""绿色""蓝色"下的属性控制。

"曝光度"主要用来控制当前通道的曝光程度，如图7-24所示。

"偏移"用来控制画面的整体明度，数值越大，画面越"发白"，如图7-25所示。

图7-24   图7-25

"灰度系数校正"可简单理解成用来控制画面的对比度，默认值是1。数值越比1大，对比度越小；数值越比1小，对比度越大，如图7-26所示。

图7-26

7.3.4 色相/饱和度

"色相/饱和度"效果器主要用来调整画面的色相和饱和度。选中要调色的图层，在"效果和预设"面板中搜索"色相/饱和度"，双击找到的效果器，就可以将它直接添加到选中的图层上。"通道控制"用来切换控制色相和饱和度的颜色通道，默认选择"主"，也就是控制整体的色相和饱和度，也可以切换成单个颜色通道，如图7-27所示。

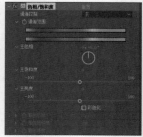 

图7-27

"主色相"用来控制画面的色相，如图7-28所示。"主饱和度"用来控制画面颜色的饱和度，如图7-29所示。

图7-28   图7-29

"主亮度"用来控制画面颜色的亮度，如图7-30所示。勾选"彩色化"之后，该效果器会将原图去色之后再着色，这时候再调整"着色色相"就会给整个画面着色，如图7-31所示。

图7-30　　　　　　　　　　　　　　　　图7-31

7.3.5 色阶

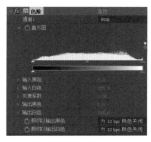

"色阶"可以通过控制像素的明度分布给画面调色。选中要调色的图层，在"效果和预设"面板中搜索"色阶"，双击找到的"色阶"效果器，就可以将它直接添加到选中的图层上，其属性如图7-32所示。"通道"可以用来切换要调整的通道，默认选择"RGB"，也就是调整所有颜色的像素，也可以切换到某个颜色通道，即只调整某个具体的颜色。

图7-32

"直方图"下方的3个小箭头从左到右依次用来控制画面的黑色、中间调、白色像素的分布，分别对应下方的"输入黑色""灰度系数""输入白色"3个属性。这里以左侧的小箭头为例，将其向右拖曳后画面中黑色像素变多，如图7-33所示。

"输出黑色"和"输出白色"分别用来给画面添加白色和黑色像素。这里以"输出黑色"为例，增加其数值后效果如图7-34所示。

图7-33　　　　　　　　　　　　　　　　图7-34

7.3.6 照片滤镜

如果想要快速给画面调色，可以用After Effects自带的"照片滤镜"效果。

选中要调色的图层，在"效果和预设"面板中搜索"照片滤镜"，双击找到的效果器，就可以将它直接添加到选中的图层上，其属性如图7-35所示。"滤镜"中包含多种滤镜效果，如图7-36所示。最后一种是"自定义"，只有切换到"颜色"属性时才可以使用。

图7-35　　　　　　　　　　　　　　　　图7-36

"颜色"用来给照片添加滤镜效果，直接切换到不同的颜色，就可以看到画面的变化。"密度"则用来调整滤镜的"浓度"，数值越大，滤镜效果越明显，如图7-37所示。勾选"保持发光度"后，画面的明度不会受滤镜的影响太大，如图7-38所示。

图7-37   图7-38

7.3.7 色调

如果想要给画面映射其他颜色，可以使用After Effects自带的"色调"效果器。选中要调色的图层，在"效果和预设"面板中搜索"色调"，双击找到的效果器，就可以将它直接添加到选中的图层上，其属性如图7-39所示。"色调"效果器默认的颜色是黑白色，所以画面会被调整为黑白色调，如图7-40所示。

图7-39   图7-40

"将黑色映射到"用来重新映射画面中的黑色；"将白色映射到"用来重新映射画面中的白色，如图7-41所示。"着色数量"用来控制映射的强度，数值越小，映射的颜色越淡，如图7-42所示。"交换颜色"则用来交换当前设置的两种映射颜色。

图7-41   图7-42

7.3.8 三色调

"色调"只能通过控制两种颜色实现调色，而"三色调"则可以通过分别控制画面中的高光、中间调、阴影3个区域的颜色实现调色。选中要调色的图层，在"效果和预设"面板中搜索"三色调"，双击找到的效果器，就可以将它直接添加到选中的图层上，如图7-43所示。

"高光"用来重新映射画面中高光部分的颜色。"中间调"用来重新映射画面中中间调部分的颜色。"阴影"用来重新映射画面中阴影部分的颜色。"与原始图像混合"用来设置效果图层与原图层的融合程度，如图7-44所示。

图7-43   图7-44

案例训练：对人物进行调色

工程文件	工程文件>CH07>案例训练：对人物进行调色
学习目标	掌握"基本校正""色阶""曲线"的使用方法
难易程度	★★☆☆☆

本例的最终效果如图7-45所示。

图7-45

7.4 使用第三方插件进行调色

本节主要介绍常用的调色插件。

7.4.1 使用 Colorista 调色

Colorista是一个常用的第三方调色插件，虽然它的参数众多，但不使用这些参数也可以进行调色。选中要调色的图层，在"效果和预设"面板中搜索Colorista，双击找到的效果器，就可以将它直接添加到选中的图层上。单击Guided Color Correction按钮，单击弹窗下方的Continue按钮，即可进入调色流程，如图7-46所示。

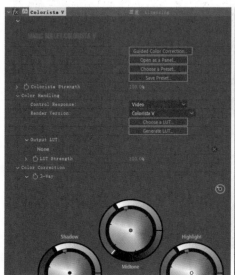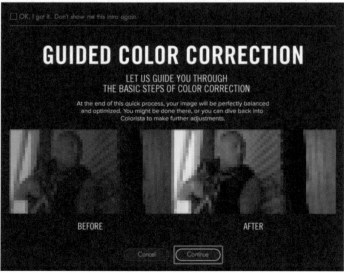

图7-46

Color Space用来对画面颜色进行初步调整，包含4个选项，读者根据个人喜好选择一个选项即可。这里选择flat video，然后单击 ▶ 进行下一步，如图7-47所示。

图7-47

Black Levels用来调整暗部的细节。通过拖动界面中间的滑块就可以调整暗部的细节，如果细节丢失太多，变成了"死黑"，效果器就会用蓝色提示，如图7-48所示。一般来说，在调整时尽量不要让画面出现这样的蓝色区域。适当调整滑块后进行下一步。

图7-48

White Levels用来调整高光的细节。通过拖动界面中间的滑块就可以调整高光细节，如果细节丢失太多，变成了"全白"，效果器就会用红色提示，如图7-49所示。一般来说，在调整时尽量不要让画面出现这样的红色区域。适当调整滑块后进行下一步。

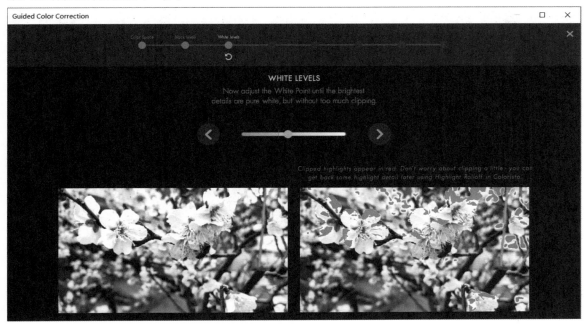

图7-49

Midtones用来调整中间调的分布。通过左右调整滑块控制画面中间调的分布，如图7-50所示，调整完成后进行下一步。

图7-50

Contrast用来调整画面的对比度。通过左右调整滑块控制画面的对比度，如图7-51所示，调整完成后进行下一步。

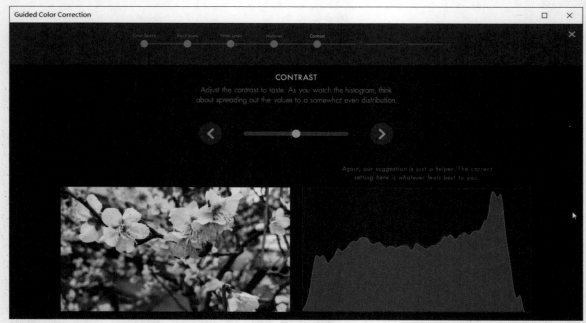

图7-51

Saturation用来调整画面的饱和度。通过左右调整滑块控制画面的饱和度，如图7-52所示，调整完成后进行下一步。

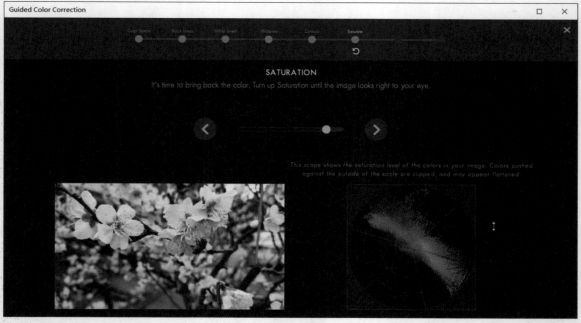

图7-52

Color Balance用来调整画面的色彩平衡。上面的滑块左滑会让画面整体更冷，右滑则会让画面整体更暖；下面的滑块左滑会让画面颜色偏绿，右滑则会让画面颜色偏玫红，如图7-53所示。调整完成后进行下一步。

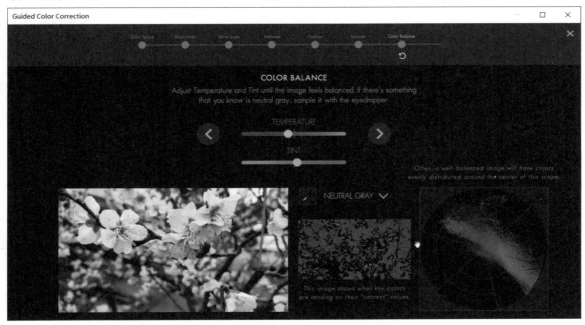

图7-53

Finished界面会展示出调整前和调整后的效果，确认没问题后，就可以单击FINISHED按钮完成调色，如图7-54所示。如果觉得不满意，还可以单击上面的流程点，跳转到某一步继续调整。

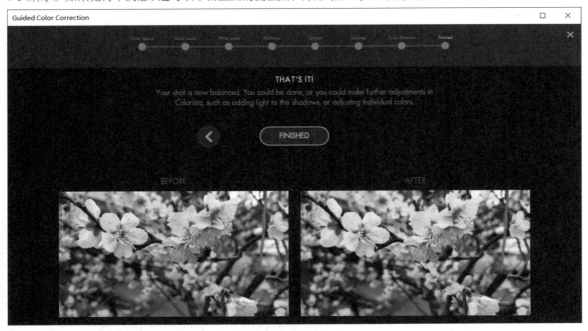

图7-54

Colorista Strength用来控制调色强度，默认值为100%，强度最高。

7.4.2 使用 Mojo 调色

如果想把自己的作品的画面调出电影的质感，可以使用第三方调色插件Mojo。选中要调色的图层，在"效果和预设"面板中搜索Mojo，双击找到的效果器，就可以将它直接添加到选中的图层上，其属性如图7-55所示。

图7-55

My Footage Is用来选择想要调整的风格类型，Mojo一共提供了4种类型，分别是Video、Flat、Log和Log Pro，如图7-56所示。

图7-56

Preset中包含16种预设，如图7-57所示。每种预设都会在My Footage Is的基础上进行调色。Strength用来控制滤镜的强度，数值越大，效果越明显。其他的属性用来对滤镜进行细微调整，读者可以自行尝试，本书不做过多介绍。

图7-57

7.4.3 使用 Looks 调色

除了Mojo调色插件可以将画面调出电影质感，Looks调色插件也可以调出电影质感。Mojo更多地依赖预设，Looks虽然也有预设，但也可以进行更精细的调整。选中要调色的图层，在"效果和预设"面板中搜索Looks，双击找到的效果器，就可以将它直接添加到选中的图层上，其属性如图7-58所示。

Strength用来控制Looks调色效果的强度；单击Edit按钮，进入具体的调色界面，如图7-59所示。

图7-58   图7-59

单击界面左下角的LOOKS会弹出Looks自带的预设，如图7-60所示；单击界面右下角的TOOLS会弹出Looks的各种工具，如图7-61所示。

图7-60

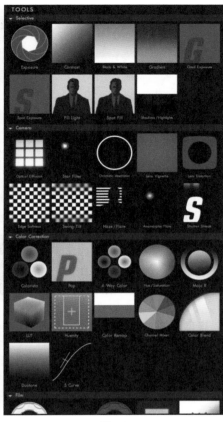

图7-61

预设只需要单击即可直接使用。工具被分成4组，分别是Selective（可选的）、Camera（相机）、Color Correction（颜色校正）和Film（胶片）。每种工具都有不同的作用，使用时直接单击即可，如图7-62所示。

图7-62

单击预览区域下方的工具，可以对该工具的具体参数进行调整，如图7-63所示。完成调色后，单击右下方的√按钮即可确认调整。

图7-63

拓展实训：使用Lumetri的预设进行调色

工程文件	工程文件>CH07＞拓展实训：使用Lumetri的预设进行调色
学习目标	掌握Lumetri的安装方法
难易程度	★★☆☆☆

最终效果如图7-64所示。

图7-64

第 **8** 章

商业综合实训

本章介绍After Effects后期效果制作的商业综合实训，包括MG动画、包装后期效果、人物跟踪动画、影片合成效果、片头文字效果、个人动态简历效果等。本章未提供详细的操作步骤，读者可以根据工程文件自行练习，以检测学习成果。如果中途有疑问，可以观看教学视频进行学习。

本章学习要点

▶ 掌握商业效果的设计思路

▶ 掌握商业效果的制作思路

▶ 掌握商业效果的制作方法

8.1 表情动画

工程文件	工程文件>CH08 > 表情动画
学习目标	掌握Joysticks插件、轨道遮罩、路径动画的用法
难易程度	★★★☆☆

下面使用After Effects的形状图层和Joysticks插件制作表情动画，效果如图8-1所示。

图8-1

8.2 产品包装后期效果

工程文件	工程文件>CH08 > 产品包装后期效果
学习目标	掌握Saber插件的运用、场景合成的方法
难易程度	★★★★☆

下面运用Saber插件、场景合成制作产品包装的后期效果，效果如图8-2所示。

图8-2

8.3 人物手指跟踪动画

工程文件 工程文件>CH08＞人物手指跟踪动画
学习目标 掌握Particular插件、运动跟踪、轨道蒙版、调整图层调色
难易程度 ★★★☆☆

效果如图8-3所示。

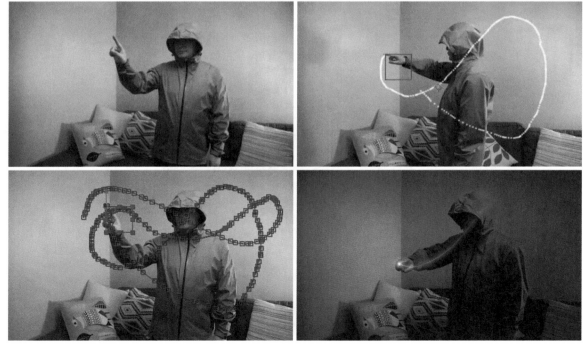

图8-3

8.4　产品后期树叶效果

工程文件	工程文件>CH08 > 产品后期树叶效果
学习目标	掌握Particular插件、父级和链接的使用方法
难易程度	★★★☆☆

效果如图8-4所示。

图8-4

8.5　个人动态简历效果

工程文件	工程文件>CH08 > 个人动态简历效果
学习目标	掌握形状图层、场景配色、转场效果的使用方法
难易程度	★★★☆☆

下面运用形状图层、场景配色、转场效果制作个人动态简历，效果如图8-5所示。

图8-5

8.6 冲击波效果

工程文件	工程文件>CH08>冲击波效果
学习目标	学习Saber插件、"梯度渐变"效果、"发光"效果
难易程度	★★★☆☆

下面将使用Saber插件、"发光"效果等制作冲击波效果，效果如图8-6所示。

图8-6

8.7 片头汇聚文字效果

工程文件	工程文件>CH08>片头汇聚文字效果
学习目标	掌握Trapcode Form粒子插件、"梯度渐变"效果、"发光"效果的使用方法
难易程度	★★★☆☆

效果如图8-7所示。

图8-7

8.8 魔法光球合成效果

工程文件	工程文件>CH08 > 魔法光球合成效果
学习目标	掌握CC Bubbles效果、"高级闪电"效果、"镜头光晕"效果、Trapcode Form粒子插件
难易程度	★ ★ ★ ☆ ☆

效果如图8-8所示。

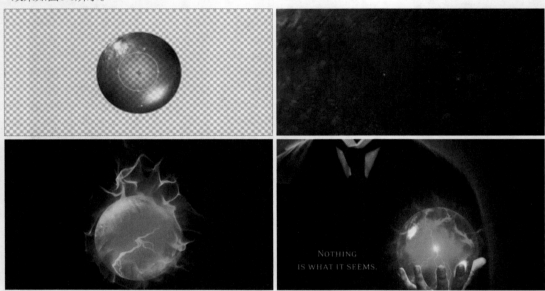

图8-8

8.9 中国风片头效果

工程文件	工程文件>CH08 > 中国风片头效果
学习目标	掌握摄像机、父级和链接的使用方法
难易程度	★ ★ ★ ★ ☆

效果如图8-9所示。

图8-9